大型地下洞室开挖微震监测
与围岩稳定性评价

戴峰 李彪 著

科学出版社
北京

内 容 简 介

　　本书紧密围绕深埋高地应力大型地下洞室开挖围岩稳定性这一具有经济价值和社会意义的热点科学课题，以国家重大水电工程项目——猴子岩水电站地下厂房洞室群为工程背景，基于高精度微震监测技术，结合理论分析、数值模拟、常规监测、现场调研等方法，系统开展大型地下洞室开挖强卸荷过程围岩稳定性研究。构建完整记录大型地下洞室开挖强卸荷过程的微震监测系统，开发考虑波速分层和空洞效应的射线追踪定位算法，解译洞室开挖卸荷诱发的微震信号频谱特性，揭示地下洞室开挖诱发的岩体内部微破裂萌生、发育、扩展直至贯通的时空演化机理，提出基于微震震源多参数的围岩大变形预警方法，开展考虑微震损伤效应的围岩稳定性反馈分析，可为大型地下洞室施工期安全提供重要理论支撑和技术指导，促进我国水电工程技术的创新与发展。

　　本书可供从事岩石力学、地下工程施工与设计等方面研究的工程技术人员及高等院校、科研院所有关专业的人员参考。

图书在版编目(CIP)数据

　　大型地下洞室开挖微震监测与围岩稳定性评价 / 戴峰，李彪著. — 北京：科学出版社，2019.11
　　ISBN 978-7-03-062529-8

　　Ⅰ.①大… Ⅱ.①戴… ②李… Ⅲ.①水电站厂房–地下洞室–围岩稳定性–研究 Ⅳ.①TV731.6

　　中国版本图书馆 CIP 数据核字（2019）第 229442 号

責任編輯：李小銳 / 責任校対：彭　映
責任印制：罗　科 / 封面設計：墨創文化

科 学 出 版 社 出版

北京东黄城根北街16号
邮政编码：100717
http://www.sciencep.com

成都锦瑞印刷有限责任公司 印刷

科学出版社发行　各地新华书店经销

*

2019 年 11 月第 一 版　　开本：B5（720×1000）
2019 年 11 月第一次印刷　　印张：11
字数：216 000
定价：108.00 元
（如有印装质量问题，我社负责调换）

前　言

　　近年来,我国社会经济保持平稳较快发展,能源需求不断增加。在此形势下,水能资源开发利用迅猛发展,西南地区一大批大型水电站相继开工建设。由于枢纽建筑物布置、施工等方面的需要,这些大型水电工程大都采用地下式厂房,如二滩、锦屏一级、锦屏二级、两河口、白鹤滩、乌东德、大岗山、猴子岩水电站等。西南地区处于青藏高原东缘横断山系高山峡谷地区,河谷深切,天然地应力水平高且分布很不均匀,岩体强度-地应力比偏低,地质构造复杂,地下洞室大规模开挖导致围岩变形破坏问题突出,严重威胁工程施工进度和人员设备安全。因此,开展大型地下洞室开挖卸荷过程围岩稳定性评价,具有重要的经济价值和社会意义。

　　研究发现,工程岩体失稳与其内部微震活动存在必然联系,细观岩体微破裂聚集和演化趋势是岩体宏观变形破坏的前兆。微震监测技术早期主要用于深井矿山冲击地压灾害的监测与管理,后来逐步推广至水电、交通等领域。作为最早将微震监测技术用于水电工程大型地下厂房洞室群开挖强卸荷过程围岩稳定性评价的研究人员,笔者通过依托国内大型地下厂房洞室群,结合理论分析、数值模拟、常规监测、现场调研等多种方法,从地震学、地球物理学和岩石力学等交叉学科理论角度出发,对大型地下洞室开挖卸荷过程围岩稳定性进行分析和评价,以期为同类大型地下洞室群风险识别与灾害预警提供参考和借鉴,推动我国西南地区水电工程技术的创新与发展。

　　本书第 1 章着重介绍当前地下洞室围岩稳定性的分析方法以及微震监测技术应用研究的现状。正如文中所言,微震监测技术目前在水电工程领域处于发展阶段,关于定位精度、信号识别、灾害预警及定量损伤等诸多问题仍亟待解决。第 2 章基于依托工程猴子岩水电站地下厂房洞室群的结构布置、地质资料、地应力、施工情况等信息,详细介绍依托工程的基本特征;优化布置 18 通道加速度传感器,安装微震监测系统,实现地下洞室开挖卸荷扰动诱发的岩石微破裂信号的实时采集。第 3 章针对实际工程中带有空洞和速度分区的复杂岩体,引入速度快、精度高和对复杂模型适应性强的多模板快速行进法(MSFM)用于初至波走时计算,提出具体的定位算法实现流程,并在速度分层岩体模型和带空洞岩体模型中进行模拟震源定位试验以及实际工程应用。第 4 章运用一种适合微震信号时域到频域转换的 S 变换方法,实现对信号频率值的客观、准确求解,分析拾取信号中岩石破裂与爆破振动微震信号的频率特征差异,通过遗传算法优化的 BP 神经网络建立识别模型，实现信号的准确识别，在此基础上，编写相关软件构建波形信号自动识别模型。第 5 章研究地下洞室开挖强卸荷过程微震事件的时空分布特征，建立微震活动与施工动态的联系，揭示地下洞室开挖围岩损伤演化特征及主要的损伤区域，建立微震监测与常规监测的联系，揭示不同控制因素下围岩的损伤特征。第 6 章分析围岩变形过程中微震事件活动率与能量、能量指数与视体积、微震信号频率、b 值以及分形维数等参数的演化特征，提出基于震源多参数的地下洞室围岩大变形预警方法。第 7 章探讨震源破裂尺度与围岩损伤的定量联系，建立典型机组剖面数值模型，运用考虑震源破裂尺度的本构关系，实现考虑微震损伤的围岩变形反馈分析计算。

本书相关内容的研究得到国家自然科学基金(51779164，51809221，51679158)、国家重点基础研究发展计划(973 计划)课题(2015CB057903)的资助。

目　　录

第1章 绪 论

1.1 地下洞室围岩稳定性研究意义

地下洞室是指人工开挖或天然存在于岩土体中具有各种用途的构筑物[1]。在许多大型岩土工程(交通、矿山、水电、军事等)建设过程中，地下洞室开挖不可避免。由于开挖形成了地下空间，破坏了岩体原有的力学平衡状态，洞室周围应力场重新分布，可能导致围岩向洞内变形，当变形超过围岩抵抗能力，就会导致围岩宏观破坏的发生，如坍塌、滑动、岩爆等。作为大型岩土工程主要的地质环境和工程承载体，地下洞室开挖稳定性对工程建设与运行安全有至关重要的影响。

我国水能资源理论蕴藏量和技术可开发量均居世界首位，其中，西南地区川、滇、藏三省水能资源约占全国总量的2/3，集中分布在金沙江、雅砻江、大渡河、雅鲁藏布江、澜沧江等流域[2]。近年来，我国社会经济保持平稳较快发展，对能源的需求不断增加，发展非化石能源、调整能源结构等重大战略均要求加快开发水能资源。"十三五"规划提出，要以重要流域龙头水电站建设为重点，科学开发西南水电资源。在此形势下，西南地区一大批超大型水电工程正在或即将开工建设，如金沙江乌东德水电站、白鹤滩水电站，雅砻江两河口水电站、杨房沟水电站，大渡河双江口水电站、猴子岩水电站、长河坝水电站等。为满足枢纽建筑物布置、施工等方面的要求，这些水电站大都采用地下式厂房，因此必须开挖、修建、运行大规模地下洞室群，西南地区在建的典型地下厂房概况如表1.1所示[3-11]。

表1.1 西南地区在建的典型地下厂房概况[3-11]

序号	工程名称	开挖尺寸 (长×宽×高)	垂直埋深/m	第一地应力/MPa
1	乌东德水电站	333.0m×32.5m×89.8m	160~540(左岸) 220~390(右岸)	6.0~12.0(左岸) 5.0~8.0(右岸)
2	白鹤滩水电站	438.0m×34.0m×88.7m	260~330(左岸) 420~540(右岸)	15.4~22.0(左岸) 15.0~24.0(右岸)
3	两河口水电站右岸	275.9m×28.4m×66.8m	410~560	21.8~30.4
4	杨房沟水电站左岸	228.5m×27.0m×75.6m	245~450	12.6~13.0

续表

序号	工程名称	开挖尺寸 （长×宽×高）	垂直埋深/m	第一地应力/MPa
5	双江口水电站左岸	196.0m×29.3m×64.0m	321~498	16.0~37.8
6	猴子岩水电站右岸	219.5m×29.2m×68.7m	400~660	21.5~36.4
7	长河坝水电站左岸	147.0m×30.8m×73.4m	285~480	16.0~32.0

西南地区处于青藏高原东缘横断山系高山峡谷地区，河谷深切，天然地应力水平高且分布很不均匀，岩体强度-地应力比偏低，地质构造复杂，地下洞室大规模开挖导致围岩出现一系列严重的变形和破坏问题。西南地区部分水电工程地下洞室典型围岩破坏问题包括：2008 年 12 月 16 日，大岗山水电站地下厂房上游侧 β_{80} 辉绿岩脉段开挖至桩号 0+132~0+135 时，顶拱上游侧出现塌方，塌渣方量为 2968m^3（图 1.1a），塌方处治长达 18 个月之久[12]；2009 年 11 月 28 日，锦屏二级水电站施工排水洞发生一次极强岩爆，支护系统全部被摧毁，TBM 设备严重受损，并造成 7 人遇难（图 1.1b）[13,14]；锦屏一级水电站地下厂房洞室群开挖期间，洞室周围出现多处变形开裂、片帮松脱、岩体弯折内鼓、混凝土喷层开裂等破坏（图 1.1c），围岩松弛深度超过 15m，部分洞壁变形量达到 100mm 以上[15-18]；2015

a. 大岗山水电站地下厂房塌方

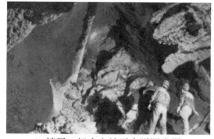

b. 锦屏二级水电站引水隧洞岩爆

c. 锦屏一级水电站地下厂房岩体弯折内鼓

d. 乌东德水电站地下厂房下游拱
肩混凝土喷层开裂

图 1.1　西南地区部分水电工程地下洞室典型破坏

年 5 月，乌东德水电站右岸地下厂房第Ⅵ层开挖引起 9#、10#机组下游拱肩岩体出现掉块、混凝土喷层开裂等问题(图 1.1d)，由于主厂房已开挖至较低高程，不得不采用排架开展补强支护措施，然而，此后主厂房机窝开挖过程中，9#、10#机组下游拱肩混凝土喷层再次出现开裂问题，该区域又一次补强支护，不仅耗费了巨大的财力，也导致工期延长了近 6 个月。

　　由于水电工程地下洞室岩体质量、施工周期及安全标准要求高，施工程序复杂、难度大，地下洞室损伤演化与安全控制仍面临诸多技术难题与挑战。因此，开展大型地下洞室开挖卸荷过程围岩稳定性分析与评价，具有非常重要的理论价值和实际意义。

1.2　国内外研究现状

1.2.1　地下洞室围岩稳定性分析方法

　　围岩稳定的概念是相对的，地下工程建筑物的生产领域与使用要求不同，其概念也不尽相同。一般而言，围岩稳定是指在工程施工期和运行期内，围岩不发生妨碍安全或使用的破坏或过大变形现象，如开裂、掉块、片帮、岩爆以及变形引起的渗漏问题、衬砌裂开或支护破坏等[19]。由此可见，围岩稳定包含强度和变形两方面的含义。谷德振定义岩体稳定时认为："所谓岩体稳定是相对的概念，是指在一定时间内，在一定的工程荷载条件下，岩体不产生破坏性的压缩变形、剪切滑移和拉张开裂。"[20]地下洞室围岩稳定性评价不仅是设计的核心，也是工程勘探、施工及安全监测等工作的首要任务。

　　地下洞室围岩稳定性研究是个久远而复杂的课题。20 世纪 20 年代以前，基于一些相对简单假设的古典压力理论形成，常用于埋深偏小的地下洞室稳定性分析。20 世纪 20~60 年代，随着地下洞室开挖深度的增加，古典压力理论的局限性凸显，松散体理论逐渐发展成熟，其代表性的理论包括太沙基理论和普氏理论，被广泛用于地下洞室围岩稳定性评价。20 世纪 60 年代以来，岩石力学学科不断发展，弹性、弹塑性和黏弹性理论开始用于地下洞室围岩稳定性分析。20 世纪 70 年代开始，新奥法在地下洞室围岩稳定性研究中逐渐推广，地下洞室开挖采用喷锚支护，并对围岩的应力和变形特征进行测试。20 世纪 80 年代以来，越来越多的围岩分类标准用于地下洞室围岩稳定性评价。20 世纪 80 年代末至 90 年代初，一些新的地下洞室围岩稳定性评价理论和方法开始出现，如灰色系统理论、神经网络系统、模糊数学理论以及数值法等。

　　目前，国内外常用的地下洞室稳定性分析主要包括整体稳定性分析和局部块体稳定性分析[21]。其中，整体稳定性分析主要包括工程地质类比法、岩体结构分析法、力学解析法、数值模拟法、模型试验法、现场安全监测和量测等；局部块体稳定性分析主要包括赤平投影块体稳定性分析、块体稳定坐标投影法、块体结构矢量解析法和基于关键块体的稳定性分析[22]。

1. 工程地质类比法

工程地质类比法是一种经验性的方法，基于拟建地下洞室工程规模、地质条件、岩体特性、地应力等资料，参考大量已有的类似地下洞室实例，开展资料对比分析研究，评估地下洞室的稳定性特征。基于大量工程实例，国内外学者专家已总结出多种围岩分类标准，主要包括 RQD 分类[23]、RMR 分类[24]、Q 系统分类[25]、Z 系统分类[20]等，这些方法在地下洞室围岩稳定性分析中得到了较好的推广和应用。大多数的现场工程技术人员认可工程地质类比法，甚至一些研究人员认为是地下工程设计的最优方法，至今仍在广泛使用。但是，工程地质类比法要求具有丰富实践经验的工程技术人员现场指导，人为因素影响较大，而且对基本的变形和稳定性的机理一般还无法确定，缺乏统一的评判准则，尤其是在地下洞室地质条件复杂的情况下，该方法难以对工程异常问题进行科学解释，可能会导致工程的失败。随着数学理论的不断完善和计算机、遥感等技术的快速发展，工程地质类比法逐渐趋于理性化和科学化。

2. 岩体结构分析法

岩体结构是地下工程围岩稳定性的控制性因素[26]，能够较好地反映岩体中结构面的发育程度和块体尺寸，还可以揭示岩体的完整性和力学性质的优劣，岩体结构分析法是我国学者在地下工程稳定性评价研究中取得的突出成就[27]。20 世纪60 年代，孙玉科和李建国、谷德振提出了"岩体结构"的概念[20,28]，认为岩体稳定性由岩体结构控制。王思敬等开展了围岩稳定性研究，给出了稳定分析初步成果及支护建议，具有较好的应用价值[22]。孙广忠于 20 世纪 80 年代提出"岩体结构控制论"[29]。近些年，一些数学方法逐渐在工程中推广，如分形理论、数学函数等，初步实现了岩体结构类型的定量划分[30-32]。随着工程实践的不断深入，岩体结构分析法逐渐趋于成熟。王明华等采用结构力学方法和块体分析程序分析了溪洛渡水电站地下厂房错动带单条发育、结构面成组发育和结构面集中发育呈破碎岩体三种情况下的稳定性，得出错动带出露的临界失稳厚度和潜在失稳块体特征[33]。宋战平等针对紫坪铺 2 号泄洪洞层状岩体开挖过程中局部块体冒落问题，运用赤平极射投影和实体比例投影相结合的岩体结构分析法，评价了洞室龙抬头段围岩结构稳定性，为泄洪洞的局部加固提供了重要技术指导[34]。卢波等对官地水电站地下厂房施工过程中出现的围岩局部失稳破坏现象与岩体结构特征开展了系统研究，结果表明，相对于地应力而言，岩体结构对地下厂房围岩变形与稳定的控制作用更为突出，开挖引起的局部失稳或较大变形多与不利方位的结构面直接相关[35]。由于实际地下工程结构体形态复杂，其边界条件往往难以充分考虑，同时，结构体刚性假设忽略了结构体自身的变形，因此，岩体结构分析法仍存在一定的局限。

3. 力学解析法

力学解析法通过对地质原型高度抽象，得到简化计算模型，运用数学力学工具求解围岩内部的应力状态，从而进行围岩稳定性评价。目前，弹性和弹塑性是采用力学解析法进行地下洞室稳定性评价常用的理论，将围岩作为各向同性的连续性介质，洞室延伸远大于断面尺寸，按平面应变问题进行解答。弹性、黏弹性及弹塑性状态下，圆形地下洞室围岩二次应力特征、位移大小及塑性区范围等已有相应的计算公式[36-39]，而其他形状（如矩形、马蹄形等）地下洞室可采用复变函数近似求解[40-42]。刘保国和杜学东利用黏弹性方法，导出了圆形隧洞围岩与支护结构相互作用的时效特征，揭示了工作面空间效应对二者有显著的影响[43]。王华宁和曹志远运用时变力学对应性原理，同时考虑岩体黏性时效和动态施工耦合作用对位移的影响，推导了双向等地应力情况下无限均匀介质中圆形洞室施工过程围岩应力和位移解析解[44]。黄卓和杨小礼基于原始 Hoek-Brown 非线性屈服准则，推导了渗透力作用下圆形洞室应力场、塑性区和位移场解析表达式[45]。Pao 和 Mow、梁建文和张浩采用解析法，分别研究了无限空间中单个圆形洞室和半空间中多个圆形洞室在弹性波入射下的动应力集中问题[46,47]。钱伯勤推导了单孔无限域应力函数的通式[48]。王润富基于提出的保角映射法编写了相关的计算机应用程序[49,50]。于学馥基于连续介质理论和简单的力学计算，研究了巷道的稳定性，通过轴比的变化揭示了围岩应力和变形分布规律[51]。朱大勇等发展了一种能够求取任意形状洞室映射函数的计算方法，利用弹性解析方法，求得了复杂形状洞室围岩应力变形的解析逼近解[52,53]。刘长武等建立了以"当量半径"为特征尺寸的等面积虚拟圆来替代实际非圆形地下洞室的简化方法，并得出"当量半径"的计算公式，借助弹塑性力学理论，得到了非圆形地下洞室周围近似的应力分布规律[54]。总体而言，力学解析法可基于分析结果获得一些规律性的认识，但能解决的实际地下工程问题相对有限。

4. 数值模拟法

20 世纪 70 年代以来，随着数学、力学理论和计算机技术的迅速发展，数值模拟技术开始用于岩土工程稳定性分析，并逐渐发展为处理岩土工程复杂介质以及边界条件问题的重要手段[55]。数值模拟方法主要以弹性或弹塑性力学理论为基础，通过数值计算，研究洞室周围应力场、位移场或塑性区特征，进而评价不同施工工况下的围岩稳定性。地下洞室稳定性分析常用的数值模拟方法包括有限元法（FEM）[56]、离散元法（DEM）[57]、有限差分法（FDM）[58]、边界元法（BEM）[59]、无限元法(IEM)[60]、无单元法(EFM)[61]、流形元法(MM)[62]、非连续变形分析法(DDA)[63]及耦合计算方法[64-66]等。Coli 等采用有限元数值方法，评估了意大利 Firenze Nord 到 Barberino di Mugello 高速公路隧洞的渗透特性[67]。李术才等提出了岩体动态施工力学，研发结合 TurboProlog 和 Fortran 语言的有限元智能化系统，并开展了小浪底水电站地下厂房围岩开挖步序优化计算，有效地降低了围岩开挖损伤[68]。Hatzor 等采用有限差分法分析了以色列 Bet Guvrin 地区地下洞室围岩应力特点，并对洞室稳定性进行评价[69]。康红普运用 FLAC 软件，系统研究了山东新汶矿区地应力、层理、节理分布及岩体强度和刚度等因素对巷道围岩变形和破坏的影响[70]。朱维申等利用 FLAC^{3D} 对小浪底水利枢纽地下厂房的不同支护措施效果进行分析，评价了不同支护条件下的围岩稳定性特征[71]。Cundall 成功开发了二维及三维离散元计算程序，对离散元法的应用和推广影响深远[72]。Hao 和 Azzam 采用离散元软件 UDEC，开展了不同倾角节理对地下洞室塑性区和位移影响分析[73]。周述达等以乌东德水电站右岸地下厂房为研究对象，从岩体结构、地应力状态、施工过程等角度出发，结合三维离散元数值方法，深入开展了围岩变形开裂机制研究[74]。Jing 论述了 DDA 的特点，并将其用于隧洞节理裂隙发育的各向异性介质的稳定性分析[75]。邬爱清等以清江水布垭水电站地下厂房为研究对象，采用 DDA 方法重点分析了厂区应力水平、支护、岩体结构条件及结构面强度参数等对洞室围岩变形与破坏的影响[76]。位伟等建立了节理面附近锚杆的梁单元模型，提出锚固节理岩体的流形元模拟方法，并将其应用于地下厂房锚固岩体的变形与锚杆加固研究[77]。

　　数值模拟方法计算简便、高效、成本低，能够模拟各种复杂地质和力学特征，已在地下洞室围岩稳定分析中得到了较为广泛的应用，但局限是难以充分考虑地下洞室的真实边界条件和材料性质，且尚缺少合理的成果评判标准。

　　5. 模型试验法

　　20 世纪 60～80 年代，地下洞室模型试验法在国内外得到了空前的发展和广泛的应用。模型试验法基于相似性原理和量纲分析原理，通过模型或模拟试验的方式研究围岩应力变形状态及稳定性特征。常用的模型试验方法包括相似材料法(或称模型试验法)、离心试验法和光测弹性法，其中相似材料法可以较好地模拟围岩物理力学性能以及节理裂隙等构造情况，除此之外，还能考虑围岩与支护结构的相互作用，应用较为广泛。Castro 等基于模型试验法，研究了分块崩塌开采法对矿井稳定性的影响[78]。赵震英和叶勇详细阐述了模型试验的目的、内容、原理和方法，认为模型试验与数值方法不可相互替代，并采用模型试验方法研究了地下厂房开挖围岩应力和变形破坏特征[79]。朱维申团队在地下洞室模型试验中运用具有自动化、高精度、受干扰小等特点的棒式光纤传感器、微型多点位移计、数字照相量测和光纤监测等新技术，得到了更精确的洞室应力变形特征[80-83]。但是，模型的力学性质和原型结构的力学性质之间的相似度难以控制，峰值后的非线性形态很难模拟，且研究费用较高。

6. 现场安全监测与量测

工程安全监测资料能够直接反映实际工程施工过程中围岩应力、变形等特征，能找出分析时没有给出的危险结构，根据观测到的数据来确定岩体的强度参数，用于工程稳定性分析，也可为数值模拟、模型试验等其他研究方法提供依据。岩土工程监测技术始于坝工建设，1891 年，德国的埃施巴赫坝首次开展了外部变形观测。20 世纪初，美国、瑞士分别进行大坝温度和位移监测。随着差动电阻式传感器的出现，20 世纪 30 年代欧美国家岩土工程监测逐步推广。我国的工程安全监测也始于坝工，20 世纪 50 年代初，丰满、佛子岭和梅山等混凝土坝进行了位移、沉降等传统的外观变形监测，随后，在上犹江、响洪甸坝进行了温度、应力及变形等方面的监测。早期的监测主要针对坝体，直到 20 世纪 60 年代中期，刘家峡水电站开始对大坝、隧洞、地下厂房等建筑物的基岩变形进行监测。20 世纪 70 年代末 80 年代初，新奥法在我国推广，现场监测技术率先在地下工程中快速发展，应用也越来越广泛，已成为确保地下洞室安全、了解失稳机理和评价围岩稳定性的重要手段[84,85]。

目前，地下工程常用的监测和量测手段主要包括多点位移计、锚杆应力计、锚索测力计、测缝计、声波测试、钻孔电视、地质雷达、弹模测试、声发射技术和渗透仪等。加拿大原子能公司(AECL)在地下工程实验室(URL)针对 Lac du Bonnet 花岗岩开展现场测试工作，Martin 等采用三轴应变计、多点位移计、收敛剂和热敏电阻等多种方法对 URL 圆形隧洞的开挖损伤区破坏形成过程进行监测[86]；Read、Martino 和 Chandler 在 URL 进行压水试验和声波测试，揭示了温度和掩饰渗透性对开挖损伤区的影响[87,88]。在瑞典 Äspö 硬岩实验室隧洞，Andersson 等构建声发射、位移和温度监测系统，对开挖和温度引起的应力作用下的各向异性破裂岩体的破坏过程进行研究，发现岩体屈服水平对切向应力量级小的改变非常敏感[89,90]。Sato 等在日本中部的 Tono 矿区隧洞开挖过程中进行位移监测、振动测试、地震折射、钻孔膨胀和压水试验，认为开挖方式是影响洞室围岩破坏特征的重要因素[91]。Kim 等在韩国压缩空气储能(CAES)洞室采用地震勘探检测岩体横纵波速和渗透性，研究了洞室围岩破坏特征[92]。李邵军等利用数字钻孔摄像技术，对锦屏二级深埋引水隧洞 TBM 掘进过程中围岩的开挖损伤区进行原位测试，基于对一系列不同时段的 360° 钻孔全景数字图像的综合分析，得出岩体的结构特性，揭示了隧洞开挖期间岩石破裂的产生、发展和闭合的动态过程，探讨了开挖损伤区的形成和演化机制[93-95]。李术才等以淮南矿区近千米深井巷道为研究对象，借助钻孔电视成像设备，研究了围岩内部的分区破裂特征，得到了巷道围岩分区破裂分布图[96]。黄秋香等基于瀑布沟地下厂房洞室群的变形监测资料，结合地质资料和开挖施工进度，分析了地质因素和施工因素对地下厂房围岩变形的影响[97]。费文平等根据变形监测数据，重点研究了大岗山水电站主变室围岩大变形特征，提出两种可能的大变形破坏模式及其影响因素，并评价了主变室围岩的稳定性[98]。

上述传统的监测技术对围岩宏观变形破坏监测比较有效，但由于宏观破坏之前的变形较小，外观位移并不明显，当监测到岩体外观位移时，其内部可能早已发生破坏。因此，上述监测方法无法捕捉岩体内微破裂的演化过程，从而难以进行地下洞室围岩失稳预测。此外，上述监测方法往往是"点""线"式监测，具有空间局限性，由于费用限制，难以大规模开展。随着科技水平的不断进步，从围岩外观监测到内部空间非接触、全遥控、高智能、高精度的综合监测是未来地下洞室围岩监测的发展趋势。

7. 局部块体稳定性分析法

局部块体稳定性分析法以地质调查和分析为基础，针对特定的结构面发育的围岩，通过块体分析找出与其他结构面的不利组合，从而确定块体滑移方向、滑移面、切割面、切割面面积以及潜在失稳块体的体积和重量，结合重力和构造应力的共同影响，采用块体极限平衡理论，计算出块体的局部稳定性。其中，石根华和 Goodman 提出的关键块体理论最为常用[99,100]。Kuszmaul 考虑了地下洞室开挖过程的节理组间距，从二维、三维的角度评估了块体的尺寸[101]。Diederichs 和 Kaiser 采用分块理论，研究了层状硬岩洞室开挖过程的稳定性[102]。裴觉民和石根华利用关键块体理论，评价了水电站地下厂房的稳定性[103]。干昆蓉、臧世勇采用块体理论分析了巷道的稳定性[104,105]。王思敬等最早开展了块体理论矢量分析法在地下工程围岩块体中的应用研究，研究了不同类型块体的边界条件及滑动方式[22]。谢良甫等基于地下水封洞库系统的地质调查和研究，利用块体理论矢量分析方法评价了围岩块体稳定性[106]。苏永华等基于块体理论赤平投影法，推导了块体滑动方向的计算公式，提出了裂隙化岩体地下采空区围岩的稳定性评价方法，并将其成功应用于大型地下采空区[107]。刘彬基于赤平投影和实体比例投影方法，采用图解分析和块体平衡计算方法评价了天荒坪抽水蓄能电站地下厂房洞室的稳定性[108]。地下洞室块体大多是基于概率统计模型的随机块体，其稳定性主要基于可靠性理论，显然难以满足大型工程要求。

除上述方法外，可靠度理论[109-112]、灰色系统理论[113,114]、神经网络系统[115-117]、模糊数学理论[118-120]等方法在地下洞室稳定性性评价中也有应用，取得一定的研究成果。

1.2.2 微震监测技术及其应用

岩体受施工扰动以后，原有的应力平衡状态被打破，局部区域将产生应力集中和能量聚集，到达一定程度时，就会导致岩体微破裂的萌生或扩展，伴随着弹性波的释放并在周围岩体内快速传播，这种岩体微破裂在地质上称为微震（microseism）[121]。这种微震现象是 20 世纪 30 年代末由美国的阿伯特和杜瓦尔最早发现。在岩体有效范围内安装传感器接收微震弹性波信息(图 1.2)，对弹性波信息进行处理分析，可反演计算出微震事件的空间位置、能量、震级、应力降等震源参数信息。通过分析微震事件的活动特征，可推断岩体的力学状态和破坏特征，揭示主要的损伤区域和潜在失稳区域，从而控制或避免事故的发生，该技术称为微震监测技术[122,123]。微震监测技术作为一种三维"体"监测方法，能够实时在线监测岩体微震信息，揭示岩体内部微破裂萌生、发育、扩展直至宏观变形破坏的过程，突破了传统监测技术"点""线"式局部监测和难以捕捉岩体内部微破裂的局限，为工程岩体安全评价提供了新的思路和方法。

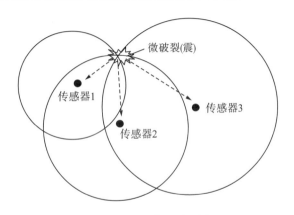

图 1.2　微震监测原理图

　　一般情况下，工程岩体微震监测获取的微震事件震级大于声发射，小于天然地震，而信号频率高于天然地震，低于声发射，微震事件震级和信号频率大致范围如图 1.3 所示[64]。随着电子技术和信号处理技术的发展，微震监测从早期的机械式到电子模拟，再到目前的数字化，大大提高了数据采集、存储以及处理能力，实现了计算机远程可视化分析，极大地促进了微震监测技术理论和应用的发展[124-129]。

　　微震监测技术起源于矿山且历史悠久。1908 年，德国 Ruhr 煤盆建立了第一个地震台站，用于监测矿山开采诱发的地震活动[130]。1910 年，南非 Witwatersrand 地区构建了金矿矿震活动微震监测系统。20 世纪 20 年代末，Mainka 在波兰西里西亚首次建立了监测煤矿矿震活动的台网[131]。1939 年，南非约翰内斯堡金矿布设了地震台网，为开采诱发的矿震进行定位[132]。20 世纪 40 年代，已有矿山岩体初期破裂微震监测相关研究[133]。直到 20 世纪 60 年代，南非多个金矿开展了大规模的微震监测台网建设，为认识和研究矿震提供重要支撑。20 世纪 80 年代以后，

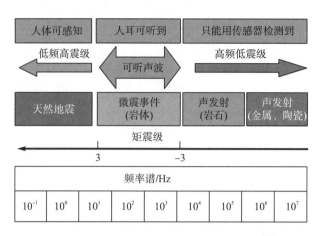

图 1.3　微震事件震级和信号频率大致范围[64]

现代高精度微震监测技术快速发展和推广应用。目前，微震监测技术已广泛用于南非、加拿大、美国、日本、韩国、澳大利亚等国的深井矿山[134-143]、油气及地热开采[144-151]、地下油气存储[152]、二氧化碳封存[153-156]、核废料储存[157-161]等领域，成为岩体动力灾害研究和管理的有效监测手段。代表性的成果包括：Young 和 Collins 详细阐述了多种微震定量参数的含义及其在矿山微震监测中的应用[135]。Kaiser 等基于三维虚拟技术探讨了矿山微震活动特征，并绘制矿山微震活动风险等级图[140]。Leśniak 和 Isakow 以波兰某煤矿为研究对象，根据微震事件空间聚集特征分析了煤矿灾害风险，建立了高能量微震事件出现的时间函数[141]。Hudyma 和 Potvin 通过对澳大利亚 Big Bell 矿山微震活动系统研究，提出了矿山风险微震管理方法，包括基于微震监测结果的灾害识别和理解等[142,143]。Grechka 等采用扩散方程、微震云分布及其事件变化对微震数据进行分析，预测了水压致裂油气存储洞室的渗透性和生产效率[147]。Tezuka 和 Niitsuma 在日本 Hijiori 热干岩储存洞室建立微震监测系统，通过分析液压注射引起的微震活动特征，评估了围岩应力状态[151]。Hong 等将微震监测技术应用于韩国 Yeosu 高应力地下储油洞室，基于微震活动频率特征，建立了地下洞室围岩整体稳定性和完整性的评价标准[152]。Oye 等、Stork 等研究了阿尔及利亚 In Salah 地区 CO_2 封存洞室的微震活动特征，建立微震活动与注射速度、井口压力的关系[153,154]。Cai 等通过研究加拿大 AECL 地下工程实验室(URL)的微震活动特征，提出了一种适于实验隧洞微震事件的拉伸模型，定量揭示了隧洞的损伤特征[159-161]。

我国微震监测技术方面的研究和应用相对较晚。1959 年，中国科学院地质与地球物理研究所研发的 581 微震仪首次在北京门头沟矿用于冲击地压监测[130]。20 世纪 70 年代以后，国内开始使用便携式地音仪以耳机收听或者录音机记录微震事件频度，长沙矿山研究院研制了多种地音仪以及声发射监测设备，用于工程岩体微破裂监测[162]。1984 年，门头沟、房山、陶庄等矿山相继引进了波兰 SAK-SYLOK

微震监测系统，这是我国首次开展矿山多通道微震监测[163]。21 世纪以来，现代高精度微震监测技术在国内矿山工程不断推广，且发展日趋成熟，为防治矿山开采冲击地压、突水等灾害提供了有效途径。长沙矿山研究院的李庶林等在凡口铅锌矿引入加拿大 ESG 微震监测系统，研究了深部采区大爆破后的余震特征及围岩稳定性[164]。北京科技大学姜福兴团队与澳大利亚联邦科学院合作开展了煤矿灾害预测与防治研究，研发了 BMS 井下微震监测系统，成功用于华丰煤矿、梧桐庄煤矿、鲁西煤矿、朝阳煤矿、新巨龙矿井等多个矿区，为解放层卸压效果、煤矿突水、冲击地压、断层活化、煤与瓦斯突出等监测或预警提供了重要的技术支撑[165-173]。中南大学唐礼忠团队在冬瓜山铜矿构建了南非 ISS 微震监测系统，基于震源视应力、变形、分形等参数对区域风险性地震活动进行预测[174-178]。中国矿业大学窦林名团队采用波兰 SOS 微震监测系统，基于微震信号频谱特性、微震活动率、能量等参数演化特征，成功在华亭煤矿、三河尖煤矿、桃山煤矿等数十个矿井进行冲击地压预警，大大降低了灾害带来的损失[179-184]。辽宁工程技术大学潘一山团队研发了国内首台具有自主知识产权的矿区千米尺度破坏性矿震监测定位系统，成功实现了矿震趋势预测[185-187]。大连理工大学唐春安团队在红透山铜矿、张马屯铁矿、石人沟铁矿、新庄孜煤矿等矿区引入加拿大 ESG 微震监测系统，深入研究了矿山突水、冲击地压、瓦斯突出等种矿山灾害，取得了较好的研究成果[188-191]。

近几年，由于我国西南地区水电工程地质灾害频发，作为一种新型的监测手段，微震监测技术在水电工程领域逐步被引入和推广。徐奴文等在锦屏一级水电站左岸边坡、大岗山水电站右岸边坡、锦屏二级水电站深埋引水隧洞和观音岩水电站混凝土坝体等工程引入微震监测技术，通过分析微震时空演化规律以及能量、b 值等参数，结合现场施工动态，综合运用数值模拟方法，开展了地下洞室岩爆、混凝土坝体裂缝以及岩石高边坡失稳预警预测等岩体灾害方面的研究工作，取得了一系列卓有成效的研究成果[121,192-200]。中国科学院武汉岩土力学研究所冯夏庭团队在锦屏二级深埋引水隧洞和白鹤滩水电站导流洞构建微震监测系统，揭示了高地应力隧洞岩爆孕育规律、柱状节理隧洞岩石破裂时空演化特征[13,201-213]。张伯虎等将微震监测技术用于大岗山水电站地下厂房，基于地下厂房微震事件时空分布与能量、震级特征，重点分析了顶拱塌空区的稳定性[12,214]。上述研究成果为微震监测技术在水电工程的应用和发展奠定了良好的基础，但微震监测技术目前在水电工程领域仍处于发展阶段，对于微震定位精度和信号分析识别等基础问题，仍有待进一步提高和完善。微震活动与施工动态、地质资料、现场破坏结合较少，缺乏微震聚集区震源参数特征的针对性研究，难以充分揭示围岩损伤的影响因素及孕育特征。对于地下洞室开挖卸荷过程中常见的围岩大变形问题，缺乏系统、有效的微震预警方法。此外，还需确定微震损伤与围岩变形的定量联系，提升微震监测数据的价值。

第 2 章　猴子岩水电站地下厂房微震监测系统

如第 1 章所述，岩土工程施工稳定性安全监测一直是国内外研究人员非常重视的问题，数十年来得到不断发展和完善。当前，大型边坡、隧洞及地下洞室等工程大多采用应力应变、位移、声波等常规监测方法。这些传统常规监测方法的局限性在于只能在局部进行"点""线"式的监测，采用局部监测数据评估围岩整体稳定性。另外，常规监测方法难以捕捉岩体内部的微破裂信息，只能给出工程已经出现大变形或者宏观失稳的监测结果，不利于围岩变形破坏等工程灾害的防范和控制。微震监测技术作为一种三维"体"监测方法，能够实时采集岩体内部的微破裂信息，基于微震弹性波信号反演得到的微震震源参数信息，进行工程岩体稳定性评价，较好地弥补了传统监测方法的不足。目前，微震监测技术已成功用于国内外深井矿山、隧洞、核废料洞室、油气储存洞室、二氧化碳封存洞室、边坡等工程，水电工程大型地下厂房洞室群微震监测基本原理和方法与此非常类似，因此，在猴子岩水电站地下厂房开展微震监测工作是可行的。

本章首先介绍了猴子岩水电站工程概况、地下厂区的地质条件、地应力特征以及地下厂房三大洞室的开挖支护信息，初步分析了地下洞室开挖可能出现的破坏问题。在此基础上，针对监测目标区域和定位原则，优化布置 18 通道加速度传感器，并进行微震监测系统等效波速测定和定位精度验证，完成了微震监测系统的安装、调试和运行。

2.1　工　程　背　景

2.1.1　工程概况

猴子岩水电站位于大渡河上游四川省甘孜藏族自治州康定市境内，上游为丹巴水电站，下游为长河坝水电站。省道 211 公路沿大渡河右岸自丹巴县城经过猴子岩水电站，并在下游瓦斯沟与国道 318 交汇。电站坝址距上游丹巴县城和下游泸定县城分别约 47km 和 89km，距成都市约 402km，对外交通相对便利[10]。

电站以发电为主，采用堤坝式开发，主要的枢纽建筑物包括拦河坝、泄洪及放空建筑物、引水发电建筑物等(图 2.1)。拦河坝为混凝土面板堆石坝，最大坝高

223.50m；泄洪及放空主要包括右岸溢洪洞、泄洪放空洞以及左岸深孔泄洪洞、非常泄洪洞；共布置 4 台 425MW 的发电机组，总装机容量 1700MW[10]。

图 2.1 猴子岩水电站枢纽布置

引水发电系统位于河流右岸，地下厂房采用首部式布置，主要由电站进水口、压力管道、主厂房、副厂房、主变室、开关站、尾水调压室、尾水洞等组成(图 2.2)。

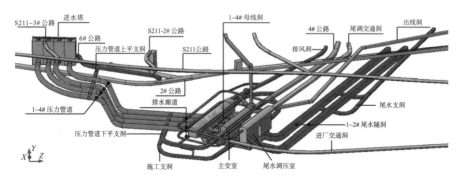

图 2.2 猴子岩水电站右岸地下厂房洞室群布置

发电地下厂房布置于大渡河右岸靠坝轴线上游山体内，厂房纵轴线方向为N61°W，水平埋深 280～510m，垂直埋深 400～660m，属典型的深埋地下厂房。主厂房开挖尺寸为 219.5m×29.2m×68.7m(长×宽×高)，主变室开挖尺寸为 139.0m×18.8m×25.2m(长×宽×高)，尾水调压室开挖尺寸为 140.5m×23.5m×75.0m(长×宽×高)。三大洞室平行布置，主厂房与主变室之间的岩体厚度为 45.0m，主变室与尾水调压室之间的岩体厚度为 44.8m[215]。

2.1.2　地下厂区工程地质条件

1. 地层岩性

右岸地下厂区地表地形坡度为 45°～60°，坡面基岩裸露，植被不发育。勘探结果表明，地表岩体风化卸荷较弱，强卸荷、弱风化上段水平深度为 2m，弱卸荷、弱风化下段水平深度为 52～58m，以里为微风化-新鲜岩体。猴子岩水电站坝轴线下游 40m 处剖面地层岩性如图 2.3 所示[216]，其中，地下厂房区出露基岩主要为泥盆系下统（D_1^1）第⑨层中厚层—厚层—巨厚层状，局部夹薄层状白云质灰岩、变质灰岩，岩层产状为 N50°～70° E/NW∠25°～50° [10]。

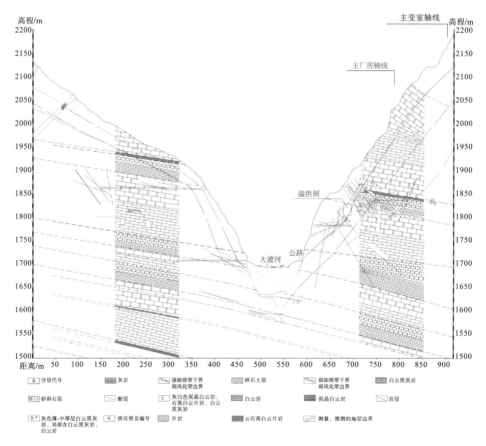

图 2.3　坝址区域典型地质剖面图(坝轴线下游 40m)[216]

2. 地质构造

图 2.4 为右岸地下厂区 1704.9m 高程工程地质平切图，可以看出，厂区无区域断裂通过，发育较多次级小断层、挤压破碎带和节理裂隙等结构面，主要位于主厂房下游区域；厂房区域围岩完整性总体较好，以 III₁ 类为主，局部为 III₂ 类和 IV 类。

次级小断层走向以 NWW 为主，多为中陡倾角，小断层的主错带多充填碎粒岩、碎粉岩，带宽以 0.01~0.05m 为主，最厚 0.30m。挤压破碎带多为层间挤压带，以层面产状为主，多充填片状岩，挤压紧密，带宽以 0.01~0.1m 为主，部分厚度较大，最厚达 3.0m。发育优势裂隙 6 组：J1，N50°~70°E/NW∠25°~60°；J2，N10°~30°E/SE∠30°~50°；J3，N10°~40°W/NE∠50°~80°；J4，EW/S∠30°~50°；J5，EW/S(N)∠75°~80°；J6，N10°~40°W/S W∠30°~60°。其中 J1 组为最发育的层面裂隙，J2~J5 次之，J6 局部发育，多为刚性结构面，闭合，起伏，同一部位一般只发育 2~3 组，间距较大，裂面新鲜，多起伏粗糙，闭合无充填[10]。

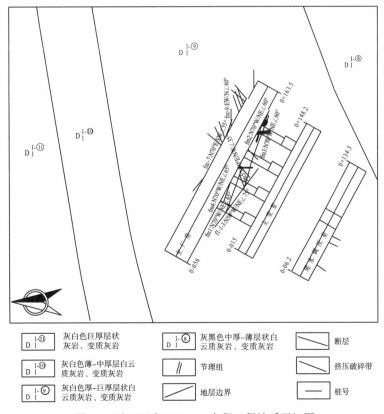

图 2.4　地下厂房 1704.9m 高程工程地质平切图

2.1.3 地下厂区地应力

1. 地应力分布

　　猴子岩水电站地处深山峡谷区，新构造运动总体特点以整体间歇性强烈抬升为主，区域构造应力最大主应力方向为近 EW 向或 NWW-SEE 向。岩体以坚硬较完整变质灰岩为主，易于蓄积较高的应变能，地应力值相对较高。

　　右岸共进行了 6 组地应力试验，地应力测点如图 2.5 所示，测试结果如表 2.1 所示[216]。在平洞 SPD1 和 SPD9 水平埋深约 250m 位置，最大主应力分别为 21.53MPa 和 21.46MPa，最大主应力方向为 N44.3°W 和 N73.8°W，向山外偏下游方向倾斜，倾角分别为 21.5° 和 47.1°；SPD1 平洞 4 支洞水平埋深 385m 处，最大主应力为 36.43MPa，最大主应力方向为 N40.7°W，向山外偏下游方向倾斜，倾角为 44.5°；SPD1 主洞和 SPD1-2 支洞水平埋深 400m 处，最大主应力分别为 29.06MPa 和 28.07MPa，最大主应力方向为 N69.9°W 和 N54.5°W，向山外偏下游方向倾斜，倾角分别为 42.5° 和 47.5°；SPD1 主洞水平埋深 525m 处，最大主应力为 33.45MPa，最大主应力方向为 N74.7°W，向山外偏下游方向倾斜，倾角为 54.3°[215]。以上试验结果表明，右岸地下厂区为高地应力水平区，最大主应力方向与区域构造主压应力方向较为接近，表现为区域构造应力场与地形自重应力场的叠加，地应力大小随埋深增大而增加，局部有应力集中带。

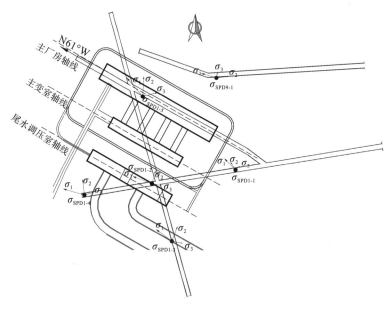

图 2.5　猴子岩水电站地下厂房地应力测试点分布示意图[216]

表 2.1　猴子岩地下厂房应力测试结果表[216]

序号	测点编号	测点位置	水平埋深/m	垂直埋深/m	岩性	量值及方位	σ_1	σ_2	σ_3
1	σ_{SPD1-1}	SPD1 平洞 0+253m	253	390	厚层变质灰岩	量值/MPa	21.53	12.06	6.98
						$\alpha/(°)$	315.7	147.6	47.32
						$\beta/(°)$	21.5	68.0	4.1
2	σ_{SPD1-2}	SPD1 平洞 0+400m	400	560	厚层变质灰岩	量值/MPa	29.06	18.44	13.85
						$\alpha/(°)$	290.1	15.6	100.3
						$\beta/(°)$	42.5	-4.9	47.1
3	σ_{SPD1-3}	SPD1 平洞下支洞 0+106m	400	570	薄~中厚层变质灰岩	量值/MPa	28.07	22.85	16.11
						$\alpha/(°)$	305.5	21.2	100.4
						$\beta/(°)$	47.5	-12.8	39.7
4	σ_{SPD1-4}	SPD1 平洞 0+525m	525	780	厚层变质灰岩	量值/MPa	33.45	22.62	14.12
						$\alpha/(°)$	285.3	352.9	73.3
						$\beta/(°)$	54.3	-15.3	31.4
5	σ_{SPD1-5}	SPD1 平洞 4 支洞 0+236m	385	576	中厚层变质灰岩	量值/MPa	36.43	29.80	22.32
						$\alpha/(°)$	319.3	3.3	74.7
						$\beta/(°)$	44.5	-36.2	23.6
6	σ_{SPD9-1}	SPD9 平洞 0+250m	250	440	变质灰岩	量值/MPa	21.46	17.59	6.20
						$\alpha/(°)$	286.2	96.7	11.1
						$\beta/(°)$	47.1	42.5	-4.8

　　结合地应力测试结果可以看出，SPD1 平洞 4 支洞 0+236m 处测值最高，测点位于主厂房内，该点处实测地应力值的水平面投影方位角与厂房轴线方向（N61°W）、岩层面的关系如图 2.6 所示。根据主应力的大小分析：σ_1 为 36.43MPa，σ_2 为 29.80MPa，σ_3 为 22.32MPa，测值均较大，其中 20MPa<σ_m<40MPa。基于以上地应力测试成果和岩体强度特征可知，岩体强度-地应力主要为 2~4，可以判定地下厂房为高地应力区。

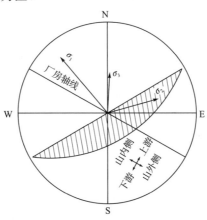

图 2.6　实测地应力值的水平面投影方位角与厂房轴线、岩层走向关系图[215]

2. 高地应力现象

前期勘探发现，在平洞水平埋深超过 250m 以下，洞壁有片帮、葱皮、松胀等现象。尤其在应力集中带 SPD1-5 支洞 236m（水平埋深 385m）处，高地应力特征明显，探洞表面出现松脱、剥落等破坏，地应力钻孔饼状岩芯发育（图 2.7），主厂房开挖过程中围岩表现出强烈拉张破坏（图 2.8）[215]。

图 2.7　SPD1-5 支洞 236m 处钻孔饼状岩芯及片帮现象[215]

图 2.8　主厂房上游边墙围岩拉张破坏现象[215]

2.1.4　地下厂房洞室开挖支护进度

猴子岩水电站地下厂房三大洞室分层开挖设计与进度如图 2.9 所示，主厂房分 9 层开挖，主变室分 3 层开挖，尾水调压室分 11 层开挖。主厂房开挖总高度68.7m，2011 年 11 月 1 日正式开工，2012 年 11 月初完成第 II 层（1709m 高程）以上开挖支护，2013 年 1 月下旬完成岩锚梁砼浇筑，2013 年 4 月下旬完成安装间及主厂房第 III 层（1702.0m 高程）的开挖支护，随即开始第 IV 层开挖。2013 年 5 月 19

日，因主厂房下游边墙变形较大，暂停正在进行的第Ⅳ层开挖爆破作业，开展下游边墙新增的 181 束 3000kN 级锚索、173 束锚筋束及固结灌浆等补强支护措施。2013 年 6 月底至 7 月底恢复开挖爆破作业，完成第Ⅳ层开挖。至 2013 年 10 月底第Ⅳ层以上加强措施全部完成，恢复第Ⅴ层开挖施工。至 2014 年 1 月下旬，完成主厂房第Ⅵ层开挖支护，2014 年 2 月，下挖至第Ⅶ、Ⅷ层 1670～1680m 高程，3 月主厂房基本完成第Ⅸ层开挖，10 月主厂房支护基本全部完成。主变室开挖总高度 25.2m，2012 年 3 月 9 日开工，2013 年 4 月 5 日完成了三层全部开挖及浅层支护作业。尾调室开挖总高度 75m，截至 2014 年 10 月底，尾调室已完成第Ⅷ层的开挖支护，1#调压室开挖至 EL1690m，2#调压室开挖至 EL1685m，进行锚索支护。4 条尾水连接洞开挖支护完成，混凝土衬砌施工也基本完成。

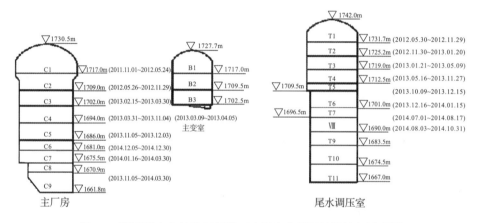

图 2.9　猴子岩水电站地下厂房三大洞室分层开挖设计与进度图

2.2　微震监测系统布设

猴子岩地下厂房洞室群地质条件复杂，在水电工程中十分罕见，且处于高地应力区，围岩强度相对较低，岩体脆性破坏严重。在洞室群开挖支护过程中，混凝土喷层开裂与围岩表层剥落掉块现象较为常见。目前，地下洞室常用的多点位移计、锚杆应力计、锚索测力计、外观变形监测点等能够较好地监测地下厂房围岩应力和外观变形，对岩体内部可能出现的微破裂却难以有效地监测，而岩体内的微破裂的聚集和演化特征往往是岩体宏观失稳破坏的前兆。

2.2.1　微震监测系统组成

目前，矿山、水电等工程广泛使用的微震监测系统主要包括加拿大 ESG 微震监测系统、南非 ISS 系统和波兰 SOS 系统，各微震监测系统的性能如表 2.2 所示

[217]。通过对比可以看出，加拿大 ESG 微震监测系统硬件设备和软件性能均能为用户使用提供方便，具有明显优势，因此，本研究选用加拿大 ESG 微震监测系统，其主要组成包括加速度传感器、Paladin 数字信号采集系统和 Hyperion 数字信号处理系统，如图 2.10 所示。

表 2.2　几种常见的微震监测系统[217]

性能	南非 ISS	波兰 SOS	加拿大 ESG
规模	三维	基本上是二维	三维
分量数	1 或 3 分量	1 分量	1 或 3 分量
A/D 转换位数	24	16	24
每分量采样率	500sps	500sps	1000sps
传输方式	电缆	电缆	光缆以及无线传输
传输速率	38.4kbps	19.2kbps	光缆 512kbps
服务	GPS	GPS	GPS
能否现场标定	能	不能	能
信号处理功能	波形及定位显示	波形及定位显示	波形及定位显示
售后	难	难	较易

　　　a. 加速度传感器　　　　　b. Paladin数字信号采集系统　　　c.Hyperion数字信号处理系统

图 2.10　ESG 微震监测系统主要组成

　　工程微震监测传感器一般包括速度型传感器(地震检波器)和加速度型传感器两种。相对于速度型传感器，加速度型传感器频率响应和灵敏度较高，对小震级的微震事件有较好的监测效果，适于硬岩微震监测。

　　猴子岩水电站地下厂房洞室群岩体损伤和潜在失稳破坏范围相对较小，洞室微震活动以高地应力岩体开挖卸荷诱发较小尺度的岩体微破裂为主，基于地下洞室地质条件、监测研究范围和目的等因素综合分析，选用加速度型传感器，包括单轴和三轴两种，两种传感器的具体参数如表 2.3 所示[218]。

表 2.3　ESG 单轴和三轴加速度型传感器技术参数[218]

指标名称	加速度型传感器	
	单轴	三轴
元件类型	压电式	压电式
灵敏度	30V/g	1.4～1.6V/g
电源供应	24～28V 直流电	24～28V 直流电
接收方向	全方位	全方位
频率响应	50～5000Hz	0.13～8000Hz
动态范围	100dB	100dB
直径	25.4mm	50.8mm
长度	122mm	122mm
材质	不锈钢	不锈钢
电阻	19kΩ	1.2MΩ
运行温度	−20°～55°	−20°～55°
防水性	30m 水压	30m 水压

2.2.2　传感器空间优化布置及安装

对于地下洞室而言，传感器空间布置方式的优劣是决定监测区域微震定位效果的关键，往往对监测数据的可靠性和有效性有巨大影响[219-221]。一般而言，针对特定的监测区域，传感器数量越多，布置越密集，整体定位精度越高。但是，传感器布置数量需要考虑经济因素，此外，传感器布置还受洞室分布、施工状态、地质条件等多种因素的影响。因此，传感器布置必须综合考虑多个因素，最终确定传感器布置的最优方案。另外，传感器布置应遵从动态优化设计的一般原则[222,223]，多数应安装在主要监测区域内，空间上形成阵列分布，尽可能避免抗误差干扰能力低的直线和平面布置[164]，在系统波速合理的情况下，优化布置后的微震监测传感器网络应满足定位精度要求。

综合以上因素，结合猴子岩地下洞室的监测区域、施工动态和地质条件等因素对比分析，布置 18 通道传感器，其中包括 15 个单轴(S1～S7、S9～S16)、1个三轴传感器(S8)。传感器空间优化布置如图 2.11 所示，传感器分别安装在主厂房上下游的第一层排水廊道、主厂房上游第二层排水廊道和第三层排水廊道以及主变室上游边墙，空间形成网状分布。采用全站仪对传感器安装孔孔底实际坐标进行测量(图 2.12)，传感器三维空间坐标和安装部位如表 2.4 所示。猴子岩水电站地下洞室微震监测范围主要覆盖主厂房顶拱、上下游边墙以及主变室顶拱、上游边墙区域。

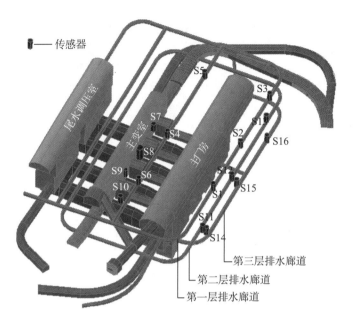

图 2.11　传感器空间优化布置

图 2.12　传感器安装孔底坐标测量

表 2.4　传感器三维空间坐标和安装部位

分站/传感器	南北	东西	高程	传感器位置
PL1_S1	−32.50	−32.80	1736.20	第一层排水廊道主厂房上游侧
PL1_S2	39.50	−33.00	1736.80	第一层排水廊道主厂房上游侧
PL1_S3	97.90	−32.90	1737.00	第一层排水廊道主厂房上游侧
PL1_S4	41.30	35.40	1736.60	第一层排水廊道主厂房下游侧

续表

分站/传感器	南北	东西	高程	传感器位置
PL1_S5	−39.60	35.50	1736.00	第一层排水廊道主厂房下游侧
PL1_S6	131.40	35.30	1737.50	第一层排水廊道主厂房下游侧
PL2_S7	41.70	62.00	1706.00	主变室上游边墙
PL2_S8	71.55	62.20	1706.10	主变室上游边墙
PL2_S9	97.80	62.30	1706.00	主变室上游边墙
PL2_S10	128.95	56.80	1703.50	主变室上游施工支洞
PL3_S11	144.27	−33.47	1705.20	第二层排水廊道主厂房上游侧
PL3_S12	77.10	−33.50	1704.80	第二层排水廊道主厂房上游侧
PL3_S13	−22.60	−33.20	1705.20	第二层排水廊道主厂房上游侧
PL3_S14	117.00	−34.90	1675.40	第三层排水廊道主厂房上游侧
PL3_S15	65.30	−34.90	1675.80	第三层排水廊道主厂房上游侧
PL3_S16	15.30	−34.90	1675.70	第三层排水廊道主厂房上游侧

　　根据优化布置后的传感器空间位置，实施现场钻孔和传感器安装，如图 2.13 所示。传感器安装钻孔通常应满足以下要求：孔径不小于 40mm，孔深 2～3m，角度斜向上约 60°。传感器安装时，前端采用锚杆树脂固结在孔底，与完整岩体点接触，可以在 360° 范围内接收周围传来的弹性波信号，安装完成后的传感器可通过敲击试验验证其可靠性。

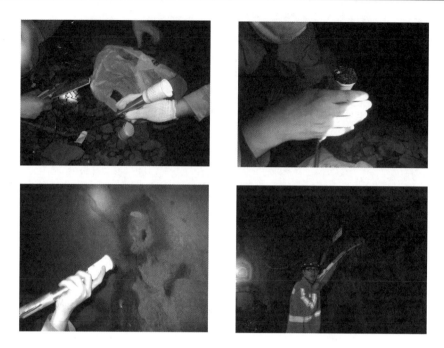

图 2.13　传感器安装过程

2.2.3　微震监测系统空间拓扑结构

猴子岩水电站地下洞室群微震监测系统现场布设过程如图 2.14 所示，微震监测系统空间拓扑结构如图 2.15 所示。18 通道传感器对地下洞室开挖卸荷过程实施 24h 连续监测，将接收到的微震信号转换成电信号，经由电缆线传输至 Paladin 数字信号采集系统，通过 24 位 A/D 转换成为数字信号，最终被 Hyperion 数字信号处理系统自动记录并保存下来。由于 Paladin 采集分站到 Hyperion 主机传输距离较远，为保证传输信号的稳定性和完整性，3 个不同位置的 Paladin 采集分站与 Hyperion 主机之间用光纤连接，使用光电转换器完成数字信号与光信号之间的相互转换。另外，采用 Hyperion 主机系统中 PPS 自动授时系统，通过光缆对 3 个 Paladin 采集分站同步授时。猴子岩水电站现场采集的数据可以通过无线网络传输实现共享，猴子岩营地办公室和成都计算与分析中心可实时下载微震数据，通过分析与研究，对地下洞室开挖进行风险预警和稳定性评价。

微震事件包含完整的波形和波谱分析图，可获取微震事件能量、震级、应力降等多项震源参数信息。系统采用 STA/LTA 阈值触发进行背景噪声信号过滤，自动记录微震波形数据；运用 butterworth 带通滤波方法对波形信号进行降噪处理，降低背景噪声对波形信号的干扰，提取有效的微震波形信号[123,224]。

a. 微震监测系统线路布设

b. 微震监测系统仪器安装与调试

图 2.14　微震监测系统现场布设

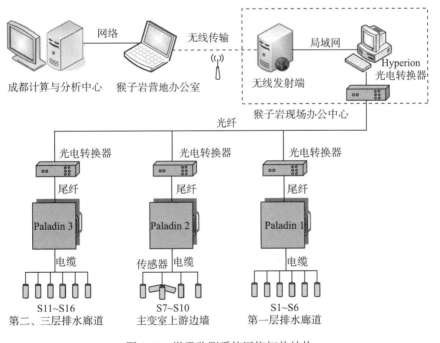

图 2.15　微震监测系统网络拓扑结构

第3章　复杂岩体微震定位方法

在工程建设中，微震监测技术能否发挥良好的预测预警作用，取决于微震事件的定位精度。微震定位问题属于地球物理反演问题，它根据一次微震事件在各传感器的震相到时来反演微震的发生时刻和空间位置[225-229]。微震监测的区域岩体波速往往并不均匀，在地质构造和人工开挖等作用下，区域岩体呈层状或块状速度分区特征，同时在大型地下工程中还存在一定体积的空洞区域。在类似这样的区域岩体微震定位计算时，采用以"均一速度假定"为前提的传统定位算法将会产生巨大的误差。为了实现高精度微震定位，需要采用合适的微震定位方法。

微震定位方法主要有几何作图法、相对定位法、空间域定位法、线性定位法和非线性定位法。几何作图法是一种直观的定位方法，依据走时方程，通过二维或者三维作图确定震源位置[230]。相对定位法又称为主事件定位法，根据一个震源坐标较精确的主事件来计算其附近其他微震事件的坐标[225]。采用空间距离残差来替代到时残差的方式来定位，即为空间域定位法。微震震相到时和震源参数的关系是一种非线性关系。线性定位法是通过求导、级数展开等方法将该非线性问题转化为线性问题的定位方法，例如 INGLADA 法[231]和 USBM 法[232]。这类方法在到时拾取精度不高的情况下定位效果较差。非线性定位法是利用迭代或优化求解方式的定位方法的统称，例如 Thurber 用非线性牛顿迭代法进行定位[233]。随着计算机计算水平不断发展，不同的非线性优化算法工具被应用到定位中，用于算法优化的目标函数也出现了不同的形式。赵珠和曾融生在定位中采用了单纯形法[234]。但是单纯形法采用单向搜索，形式简单，容易陷入局部最优解。针对这一缺点，全局最优化算法被应用到定位中。王洪体等介绍了一种基于浮点遗传算法的定位方法，具有稳定收敛、精度高、时效性好的特点[235]。张华等基于遗传算法对厂矿区内的人工爆破进行定位，得到了很好的效果[236]。针对速度模型无法准确获得和联合定位法震源位置、发生时刻和传播速度相互关联，导致解不唯一的问题，陈炳瑞等提出微震震源定位分层处理方法，并采用粒子群算法进行优化求解[237]。董陇军等针对单一速度模型提出了无须预先测速的微震震源定位方法，利用非线性拟合工具进行求解[238]。李健等针对单一速度模型，提出了无须测速的定位方法，采用单纯形法进行最优化求解[239]。上述定位算法多建立在"均一速度假定"的基础上。"均一速度假定"认为区域岩体的波速处处相同，利用立体几何中空间距离与波速值之商作为微震应力波走时值，然后进行迭代、试算实现震源定位。然而，实际岩体中不同区域和方向上的波速值不尽相同。一般地，对于监测范围不大、岩性较均匀的区域岩体，"均一速度假定"是合理的，它既能保证定位精度，又利于定位算法的快速稳定实现，因而在实际工程中得到了广泛的应用。

即使这样，许多工程中微震监测区域岩体的范围巨大且波速值往往差异较大，在地质构造和人工开挖等作用下，区域岩体呈层状或块状速度分区特征，同时在大型地下工程中还存在一定体积的空洞区域。在类似这样的区域岩体微震定位中采用"均一速度假定"将会产生巨大的误差[240]。近几年，一些专家和学者在构建适应各种特殊区域岩体的微震定位速度模型上做了不同的探索。Feng 等针对隧洞工程中围岩波速特征，提出按照隧洞开挖断面对传感器进行波速分组的定位模型，考虑了隧洞中距掌子面不同距离的横断面岩体因卸荷状况、地质条件不同而存在波速值差异的情况[241]。巩思园等针对煤矿上覆岩层多以层状形式赋存，纵波 (P 波) 在垂向和水平向的速度及传播路径差异大的情况，提出建立"异向波速模型"，模型求解选用遗传算法与 CMEAS 算法结合的混合算法，经验证定位效果优于单一速度模型[242]。

射线追踪是基于射线理论的地震应力波传播模拟技术，能够模拟复杂岩体中应力波的传播或震源波前的扩展，同时给出岩体中两点之间应力波的传播时间，从而用于震源定位。本章将二阶多模板快速行进法 (multi-stencil fastmarching method，MSFM) 引入到微震定位的初至走时正演计算中，并针对工程中微震监测区域岩体波速值并非均匀分布的情况，提出基于 MSFM 的复杂岩体微震定位方法。

3.1 射线追踪技术及算例分析

射线追踪属于地球物理学中正演领域的重要部分之一，是指对于已知按一定速度分布的介质波速模型及震源点和检波器位置，计算得到震源点到检波器的射线路径及其走时 (传播时间) 的方法。本节简要陈述部分射线追踪方法的原理及其优缺点。图 3.1 为三维射线追踪图。

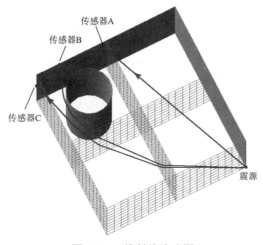

图 3.1 三维射线追踪图

3.1.1　射线追踪方程

1.射线运动学方程

射线运动学方程是利用波前面与射线路径正交的特征推导而来的。r 表示波前面某点的位置矢量，l 表示波前面演化后该点的运动路径曲线长度，则有

$$\frac{\mathrm{d}r}{\mathrm{d}l} = \frac{\nabla T}{s} \tag{3.1}$$

同时，波走时沿着射线路径的变化率即为慢速 s，即

$$\frac{\mathrm{d}T}{\mathrm{d}l} = s \tag{3.2}$$

对式(3.2)两边取梯度，即得

$$\frac{\mathrm{d}\nabla T}{\mathrm{d}l} = \nabla s \tag{3.3}$$

将式(3.1)代入式(3.3)，可以得到射线追踪的运动学方程[243,244]：

$$\frac{\mathrm{d}}{\mathrm{d}l}\left[s\frac{\mathrm{d}r}{\mathrm{d}l} \right] = \nabla s \tag{3.4}$$

2.程函方程

除了射线运动学方程之外，程函方程是另一种用来描述射线追踪的方程。在波传播介质的不均匀性比波长要大得多的情况下(即"高频近似"假设)，对弹性波动方程进行简化，得到各向同性介质中 P 波的弹性波动方程

$$\nabla^2\phi = \frac{1}{\alpha}\frac{\partial^2\phi}{\partial t^2} \tag{3.5}$$

其中，ϕ 是 P 波的标量势函数；α 是 P 波波速；t 是时间。

假设方程(3.5)通解为

$$\phi = A\exp\{-i\omega[T(x)+t]\} \tag{3.6}$$

其中，A 表示振幅；ω 表示角频率；T 表示等相位。则函数 ϕ 的拉普拉斯算子为

$$\begin{aligned}
\nabla^2\phi = &\nabla^2 A\exp[-i\omega(T+t)] - i\omega\nabla T\cdot\nabla A\exp[-i\omega(T+t)]\\
&-i\omega\nabla A\cdot\nabla T\exp[-i\omega(T+t)] - i\omega A\nabla^2 T\exp[-i\omega(T+t)]\\
&-\omega A\nabla T\cdot\nabla T\exp[i\omega(T+t)]
\end{aligned} \tag{3.7}$$

同时，ϕ 对时间 t 的二阶导数为

$$\frac{\partial^2\phi}{\partial t^2} = -\omega^2 A\exp[-i\omega(T+t)] \tag{3.8}$$

将式(3.7)和式(3.8)代入式(3.5)可以得

$$\nabla^2 A - \omega^2 A |\nabla T|^2 - i[2\omega\nabla A \cdot \nabla T + \omega A \nabla^2 T] = \frac{-A\omega^2}{\alpha^2} \tag{3.9}$$

上述方程(3.9)左侧含有虚部和实部，右侧只有实部。对方程(3.9)的左右两侧分别取虚部，则

$$2\nabla A \cdot \nabla T + A\nabla^2 T = 0 \tag{3.10}$$

方程(3.10)称为传输方程，通过求解此方程，可以得到波传播中的振幅值。

对方程(3.9)两侧同时取实部可以得

$$\frac{\nabla^2 A}{A\omega^2} - |\nabla T|^2 = \frac{-1}{\alpha^2} \tag{3.11}$$

在高频假设的情况下，即角频率 $\omega \to \infty$，式(3.11)可以简化为

$$|\nabla T| = \frac{1}{\alpha} = s \tag{3.12}$$

式(3.12)即为程函方程。其中，定义 $s=1/\alpha$ 为慢度。$T(x)$ 是地震波走时，T 值相同处组成一个等位面(又称波前面)。对于二维平面和三维立体而言，程函方程具体的形式分别如下：

$$\begin{cases} \left(\dfrac{\partial T}{\partial x}\right)^2 + \left(\dfrac{\partial T}{\partial y}\right)^2 = \dfrac{1}{\alpha(x,y)^2} = s(x,y)^2 \\ \left(\dfrac{\partial T}{\partial x}\right)^2 + \left(\dfrac{\partial T}{\partial y}\right)^2 + \left(\dfrac{\partial T}{\partial z}\right)^2 = \dfrac{1}{\alpha(x,y,z)^2} = s(x,y,z)^2 \end{cases} \tag{3.13}$$

从程函方程可以看出，波前面上任意一个网格节点的走时梯度大小与慢度成正比，与该节点的速度值成反比。因此，任意网格节点的速度值越大，则其对应的走时梯度值就越小[245]。

3.1.2 射线追踪方法

射线追踪可分为两大类：基于运动学方程的射线追踪方法和基于网格单元扩展的射线追踪方法。打靶法(shooting method)和弯曲法(bending method)[246-249]是基于运动学方程的两种经典射线追踪方法。这类方法在复杂模型中的计算精度、效率很低，不能满足工程中复杂岩体的计算需要。基于网格单元扩展的射线追踪是将应力波的传播描述为波前扩展，同时得到模型中每个网格节点的初至走时。目前，最短路径算法(shortest path method，SPM)和有限差分解程函方程算法是常见的基于网格单元扩展的射线追踪方法，下面分别介绍这几种射线追踪方法。

1.打靶法

打靶法是一种传统的基于运动学方程的射线追踪法，通过不断调整震源射线出发的角度，最终找到遵从 Snell 定量或射线方程的与传感器相交的射线路径。国

内学者马争鸣和李衍达提出可有效确定射线在震源处的出射角大小的二步法射线追踪算法[248]。基于 Snell 定律，高尔根等[249,250]提出两点逐步迭代射线追踪法，并将该方法推广到了三维。徐涛提出可适用于非常复杂的三维模型的块状结构建模方式[251]。当传感器数量较多或布置范围较广时，计算耗时就会变长。另外，有时候从震源发出的射线"打不上靶子"，不得不通过插值方式近似求得震源到传感器的走时，可能会带来较大误差[252]。

2.弯曲法

弯曲法是另外一种传统的基于运动学方程的射线追踪方法，即通过不断地调整传感器与震源之间初始路径的几何形状，直到形成一条满足费马原理的射线路径。一种常规做法是通过推导可迭代求解的射线追踪运动学方程边值形式实现弯曲法射线追踪[253]。Um 和 Thumber 提出基于一系列线性插值点来表示射线路径的方法(伪弯曲法)，在需要进行大量走时正演计算时更加实际有效[246]。Xu 等提出快速有效的逐段迭代射线追踪方法，有效地提高射线追踪方法的效率[254]。弯曲法射线追踪主要问题在于求取的路径走时可能是局部最小值，并不能保证是全局最小[255]。

以上是射线追踪的两种经典方法的简介。基于初值问题的打靶法主要存在的问题是：对出射角进行微小变换可能会给射线路径带来巨大扰动，有时可能会导致射线无法到达接收点，而且无法追踪阴影中的射线路径[255]。基于边值问题的弯曲法存在的主要问题是：追踪效率不高，而且无法保证追踪的路径走时是全局最小。

传统射线追踪方法在复杂模型中的计算精度、效率很低，不能满足工程中复杂岩体的计算需要，随着研究的深入，出现了许多不同的新型算法。接下来将介绍两种已广泛应用的基于网格单元扩展的射线追踪法。

3.最短路径算法

基于网格单元扩展的射线追踪法是通过相应算法对波前面进行扩展，同时计算得到震源点到所有网格节点上的最小走时。最短路径算法是图论研究中的一个经典算法，用于寻找图中两点之间的最短路径，是求解初至走时的一种常用方法[256,257]。最短路径算法的一般做法是：首先将介质模型划分为矩形(立方体)单元，同时在各个单元的边界上设置若干个节点；然后将各个节点用线段进行连接，在整个空间构成一个网络图；最后通过最小路径理论可求出震源点传至所有节点的最小走时和射线路径[255]。Bai 通过对划分单元定义主节点和次级节点的方式，提出改进的最短路径射线追踪法(MSPM)，可有效提高计算速度[258]。同时，许多国内地球物理学研究领域的专家学者也做了较多研究[259,260]。例如，张建中等提出了动态网络最短路径射线追踪方法，提高了射线追踪的精度[259]。也有一些专家学者将最短路径法与传统射线追踪法相结合。卞爱飞和於文辉将弯曲法与最短路径法结合，明显提高了网格稀疏情况下的射线追踪精度[260]。

最短路径射线追踪方法具有灵活、高效、实用性强的特点，能够获得起点到接收点的射线路径和走时全局最小值[255]。国内外学者通过与传统算法结合、算法引进等方式对最短路径射线追踪法进行改进，使得该算法成为射线追踪方法中常用的算法之一。

4.解程函方程算法

解程函方程算法是计算离散化网格节点初至走时的另外一种常用的方法。Vidale 首次提出利用有限差分形式去近似程函方程，从而实现波前扩张，求得地震初至波走时[261]。随后，Vidale 将该方法推广到三维地质模型射线追踪的求解中[262]。其具体做法是：首先将介质模型划分为矩形（立方体）单元；然后将震源点所在节点定义为走时零点，通过求解程函方程的方式来实现波前扩展，从而计算得到其余所有节点的初至走时；最后依据波理论，按照最大梯度方向从接收点（传感器点）返回到震源点，即可得到初至波的射线路径。下面参照相关研究[252]，简要介绍一下有限差分方法解程函方程的实现过程。

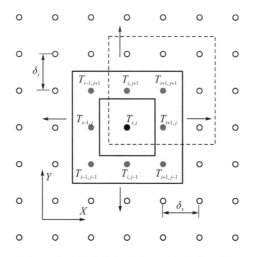

图 3.2　有限差分法扩展求解节点走时示意图

如图 3.2 所示，初始计算点走时值为 $T_{i,j}$，x、y 方向上的网格节点间距分别为 δ_x、δ_y。容易得到，初始计算点的其中四个节点 $(i, j\pm1)$ 和 $(i\pm1, j)$ 上的走时由式 (3.14) 计算。

$$T_{i\pm1,1} = \delta x / 2(s_{i\pm1,1} + s_{i,j})$$
$$T_{i,j\pm1} = \delta y / 2(s_{i,j\pm1} + s_{i,j}) \tag{3.14}$$

其中，s 是对应节点波速值的倒数，即该节点慢度。

初始计算点周围的其余四点走时 $T_{i\pm1,\,j\pm1}$ 由程函方程计算。为了求解 $T_{i+1,\,j+1}$，首先利用右上角四点 $(i,\,j)$，$(i,\,j+1)$，$(i+1,\,j)$ 和 $(i+1,\,j+1)$ 的走时近似表示走时梯度 ∇T，见式(3.15)。

$$\frac{\partial T}{\partial x} = \frac{T_{i,j} + T_{i,j+1} - T_{i+1,j} - T_{i+1,j+1}}{2\delta x}$$
$$\frac{\partial T}{\partial y} = \frac{T_{i,j} + T_{i+1,j} - T_{i,j+1} - T_{i+1,j+1}}{2\delta y} \tag{3.15}$$

将式(3.15)代入式(3.13)得到如下方程：

$$\frac{\left(T_{i,j} + T_{i,j+1} - T_{i+1,j} - T_{i+1,j+1}\right)^2}{\delta x^2} + \frac{\left(T_{i,j} + T_{i+1,j} - T_{i,j+1} - T_{i+1,j+1}\right)^2}{\delta y^2} = 4\bar{s}^{-2} \tag{3.16}$$

其中，$\bar{s}$ 为上述四个单元格的平均慢度。

通过求解式(3.16)可以求解 $T_{i+1,\,j+1}$。同样，$T_{i+1,\,j-1}$、$T_{i-1,\,j+1}$ 和 $T_{i-1,\,j-1}$ 可以利用对应方向上的已知走时节点计算而得。从计算源点不断向外扩展，将已知走时值的节点作为新的初始计算点，从而实现所有节点初至走时的计算。

一般地，利用有限差分近似求解程函方程的方法实现波前扩展模拟，一次性计算便可获得所有节点的最小走时，效率高且不存在计算盲区[65]。但是，Vidale 采用的算法无法考虑可能的迂回传播情况，致使计算得到的射线方向不一定按照最小走时的方向发展[263]。后来，许多专家和学者在改进有限差分法求解程函方程上做了相关研究[264-269]。其中，快速行进法(the fast marching method，FMM)以速度快、精度高、对复杂模型适应性强和无条件稳定的特点被广泛应用[270]。FMM 是由 Sethian 提出的，它利用熵满足的有限差分迎风格式求解程函方程得到初至走时[264]。近年来，FMM 算法在计算精度方面得到了改进。一方面，通过采用更高阶的差分算子来提高计算精度；另一方面，Hassouna 和 Farag 提出多模板快速行进法(MSFM)，通过坐标旋转的方式建立多个计算模板，将网格节点的对角邻点纳入计算，较 FMM 算法的计算精度高[271]。

无论初至波是直射波、折射波还是衍射波，通过求解程函方程，就可以得到任意时刻波前的空间位置，也就求得波传播的初至波走时，从而用于微震定位。FMM 算法是一种通过有限差分法求解程函方程的射线追踪方法，MSFM 算法是在 FMM 的基础上改进而来的。本节简要介绍二维情况下的 FMM 算法和改进的 MSFM 算法。

3.1.3　FMM 算法与改进的 MSFM 算法简介

1.FMM 算法

快速行进法(FMM)是一种基于有限差分解程函方程的网格化算法，被广泛应用于许多领域，例如路径规划、医疗等。在地球物理学界，FMM 算法应用于成像技术和偏移技术[272,273]。在二维直角坐标系下，程函方程可以表示为

$$\left(\frac{\partial T}{\partial x}\right)^2 + \left(\frac{\partial T}{\partial y}\right)^2 = \frac{1}{V(x,y)^2} \qquad (3.17)$$

其中，T 为走时；V 为速度。

为了控制计算 ∇T 的方向，FMM 引用一种熵满足的有限差分迎风格式将程函方程 (3.17) 表达为

$$\max\left(D_{ij}^{-x}T, -D_{ij}^{+x}T, 0\right)^2 + \max\left(D_{ij}^{-y}T, -D_{ij}^{+y}T, 0\right)^2 = \frac{1}{V_{ij}^2} \qquad (3.18)$$

其中，D_{ij}^{-x} 和 D_{ij}^{+x} 分别为沿 x 方向的向后和向前差分，其具体的一阶形式为

$$D_{ij}^{-x}T = \frac{T_{i,j} - T_{i-1,j}}{\Delta x}, \quad D_{ij}^{+x}T = \frac{T_{i+1,j} - T_{i,j}}{\Delta x} \qquad (3.19)$$

另外，D_{ij}^{-y} 和 D_{ij}^{+y} 具体形式相同。那么，式 (3.18) 可以整理为如下形式：

$$\sum_{v=1}^{2} \max\left(\frac{T - T_v}{\Delta_v}, 0\right)^2 = \frac{1}{V_{ij}^2} \qquad (3.20)$$

其中，$\Delta_1 = \Delta x$，$\Delta_2 = \Delta y$，$T = T_{ij}$；同时，

$$\begin{cases} T_1 = \min(T_{i-1,j}, T_{i+1,j}) \\ T_2 = \min(T_{i,j-1}, T_{i,j+1}) \end{cases} \qquad (3.21)$$

式 (3.20) 有三种情况的解：

①当 $T > \max(T_1, T_2)$ 时，T 为以下二次方程的最大解：

$$\sum_{v=1}^{2} \left(\frac{T - T_v}{\Delta_v}\right)^2 = \frac{1}{V_{ij}} \qquad (3.22)$$

②当 $T_2 > T > T_1$ 时，$T = T_1 + \Delta_1 / V_{ij}$；

③当 $T_1 > T > T_2$ 时，$T = T_2 + \Delta_2 / V_{ij}$。

Hassouna 和 Farag 对 FMM 算法实现过程采用的窄带技术和堆排序技术、高阶差分格式的 FMM 求解公式具体形式均做了详细叙述[271]，本书不再赘述。

另外，D_{ij}^{-x} 和 D_{ij}^{+x} 的二阶、三阶具体形式为

二阶：$D_{ij}^{-x}T = \dfrac{3T_{i,j} - 4T_{i-1,j} + T_{i-2,j}}{2\Delta x}$，$D_{ij}^{+x}T = -\dfrac{3T_{i,j} - 4T_{i+1,j} + T_{i+2,j}}{2\Delta x}$

三阶：$D_{ij}^{-x}T = \dfrac{11T_{i,j} - 18T_{i-1,j} + 9T_{i-2,j} - 2T_{i-3,j}}{6\Delta x}$，

$$D_{ij}^{+x}T = -\frac{11T_{i,j} - 18T_{i+1,j} + 9T_{i+2,j} - 2T_{i+3,j}}{6\Delta x}$$

文献 [252] 指出 "n 阶算子算法并非全部都是按最高阶的算子来计算，这种算法也并不一定能达到 n 阶算法的精度"。当运用高阶算子进行计算的结果不可接

受时，往往使用更低阶的算子近似代替。Rawlinson 和 Sambridge 的研究对一阶、二阶、三阶方法的计算效果做了精度和效率分析，发现一阶 FMM 算法精度太低，二阶与三阶计算精度比一阶高，但是从计算时间来看，三阶的计算耗时比二阶大很多[274]，因此在计算机性能允许的情况下，常常采用二阶 FMM 算法即可。

　　2.改进的 MSFM 算法

　　除了通过采用更高阶差分算子来提高计算精度，Hassouna 和 Farag 提出了多模板快速行进法 MSFM，通过坐标旋转的方式建立多个计算模板，将网格节点的对角邻点纳入计算，较 FMM 算法提高了计算精度[271]。图 3.3 为考虑对角邻点的计算模板示意图。

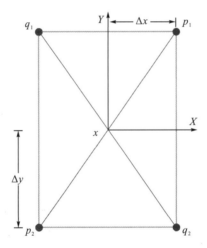

图 3.3　考虑对角邻点的计算模板示意图[271]

　　如图 3.3 所示，点 p_1、p_2、q_1、q_2 为计算点 x 的四个对角邻点，对角方向上的走时方向导数 $U=[U_1\ U_1]^{\mathrm{T}}$ 用式 (3.23) 表示。

$$\begin{cases} U = R \cdot \nabla T(x) \\ R = [\boldsymbol{r}_1 - \boldsymbol{r}_2]^{\mathrm{T}} \\ \nabla T(x) = \left[\dfrac{\partial T(x)}{\partial x}\ \ \dfrac{\partial T(x)}{\partial y} \right] \end{cases} \tag{3.23}$$

其中，$\boldsymbol{r}_1=(r_{11},\ r_{12})$，$\boldsymbol{r}_2=(r_{21},\ r_{22})$ 表示对角线方向单位向量。经过变换：

$$\left| \nabla T(x) \right|^2 = U^{\mathrm{T}} (RR^{\mathrm{T}})^{-1} U = \frac{1}{V^2} \tag{3.24}$$

由于，$(RR^{\mathrm{T}})^{-1} = \dfrac{-1}{\sin\phi} \begin{pmatrix} -1 & \cos\phi \\ \cos\phi & -1 \end{pmatrix}$，$\phi$ 为两个方向向量的夹角。那么，

$$U_1^2 - 2U_1U_2\cos\phi + U_2^2 = \frac{\sin^2\phi}{V^2} \tag{3.25}$$

按照一阶差分形式来近似方向导数，则

$$U_v = \max\left(\frac{T(x)-T_v}{\|x-x_v\|},0\right),\ v=1,\ 2 \tag{3.26}$$

其中，T_1，T_2 同式 (3.21)；x_v 为已知节点空间坐标；T_v 为其走时。

通过求解方程 (3.25) 可得到计算点 x 的走时 $T(x)$。高阶差分格式的 MSFM 求解公式本节不再赘述。将上述计算模板与 FMM 算法的基本模板联合并在原 FMM 框架下实现[271,275]，便形成多模板快速行进法 (MSFM)。

FMM 算法和 MSFM 算法的计算目的是求取网格各个节点的初至走时，初至走时相同的点组成等时面，从传感器开始沿着等时面梯度下降的方向追回到源点，则可以求出源点到传感器的射线路径[252]。

3.1.4　MSFM 算法走时计算算例

1.算法精度和效率分析

建立 500m×500m 的二维均匀模型，以模型某一角点为原点，以方形的两个边 X、Y 轴建立坐标系，分别按照间距 1m、2m、5m 大小划分三种网格，模型波速为 4000m/s。假定震源发生位置坐标为 (0，0)，分别采用一阶、二阶的 FMM 及 MSFM 算法计算震源位置到其余各个节点的 (初至) 走时。采用几何学中距离与速度之商作为走时解析解，将各节点走时计算值与解析解之差绝对值的平均值 ξ 作为精度评价指标，ξ 越大表示精度越低；反之则越高。

$$\xi = \frac{1}{n}\sum_n |\delta t| \tag{3.27}$$

其中，n 为模型节点数；δt 为走时计算值和解析解之差。

图 3.4 给出了四种格式算法下的计算误差云图，可以看出，二阶格式的计算误差明显小于一阶格式；MSFM 算法能够改善模型对角线上的走时计算。

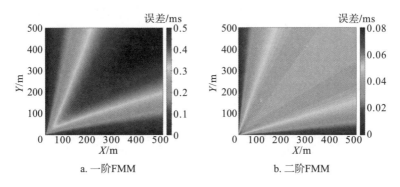

a. 一阶FMM   b. 二阶FMM

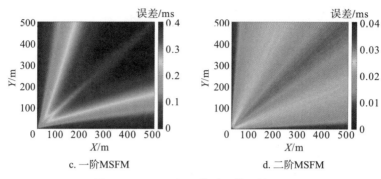

c. 一阶MSFM　　　　　　　　　　d. 二阶MSFM

图 3.4　1m×1m 间距模型计算误差云图

　　三种网格大小模型计算结果见表 3.1。可以看出,二阶差分格式的计算精度高于一阶,计算耗时也越多;同阶差分格式下考虑对角邻点的 MSFM 计算精度高于FMM,计算耗时也较后者多;划分网格的间距越大,网格节点数越少,则计算耗时越少,计算精度也越低。那么,在计算时间允许的前提下,采用细化网格和二阶 MSFM 算法能够有效提高走时计算精度。

表 3.1　四种格式计算精度和效率对比表

单位网格大小 网格数目	1m×1m 500×500		2m×2m 250×250		5m×5m 100×100	
误差/耗时	ξ/ms	t/s	ξ/ms	t/s	ξ/ms	t/s
一阶 FMM	3.082×10^{-1}	0.944	5.389×10^{-1}	0.227	1.097	0.035
一阶 MSFM	2.669×10^{-1}	1.230	4.595×10^{-1}	0.289	9.130×10^{-1}	0.046
二阶 FMM	4.701×10^{-2}	1.042	9.440×10^{-2}	0.258	2.386×10^{-1}	0.040
二阶 MSFM	1.746×10^{-2}	1.358	3.560×10^{-2}	0.331	9.164×10^{-2}	0.052

2.分层速度岩体模型 MSFM 走时计算

　　建立一个大小为 600m×600m 二维模型,按照 1m×1m 划分为节点数为 601×601的网格。模型波速呈水平分层,分层状况为:Y 坐标 0～100.5m,波速为 6000m/s;Y 坐标 100.5～300.5m,波速为 4000m/s;Y 坐标 300.5～600m,波速为 5500m/s。

　　地震学中,地震射线满足 Snell 定律[245]:

$$\sin i_k/V_k=p \tag{3.28}$$

其中,i_k 为入射或者反射角度;V_k 为层波速;p 为常数。

　　模拟震源发生在原点处,利用 Snell 定律求解出射方向与 Y 轴夹角 θ 分别为5°、10°、15°、20°、25°、30°、35°、40°、45°、50° 的 10 条射线穿过该模型的走时解析解及射线末端点,列于表 3.2。

表 3.2　分层速度岩体中二阶 MSFM 算法和均匀度模型计算精度对比

出射角 $\theta/(°)$	末端点坐标/m		走时/ms			误差/ms	
	x	y	解析法	二阶 MSFM 算法	均匀模型	二阶 MSFM 算法 ξ_1	均匀模型 ξ_2
5	43	600	121.5278	121.5170	118.3355	0.0108	3.1923
10	88	600	122.5047	122.4797	119.2955	0.0249	3.2091
15	134	600	124.1572	124.1240	120.9406	0.0332	3.2166
20	181	600	126.5235	126.4649	123.2865	0.0586	3.2370
25	230	600	129.6596	129.5733	126.4078	0.0863	3.2518
30	282	600	133.6431	133.5585	130.4196	0.0846	3.2235
35	337	600	138.5777	138.4682	135.3764	0.1095	3.2013
40	397	600	144.6007	144.5450	141.5312	0.0557	3.0695
45	461	600	151.8936	151.7432	148.8494	0.1504	3.0442
50	533	600	160.6981	160.5835	157.8790	0.1146	2.8191

利用计算精度较高的二阶差分格式 MSFM 算法计算上述 10 条射线始末端点对应的走时；将该模型简化为均匀速度模型（三种波速以层厚的加权值 5083m/s 作为单一波速），计算上述 10 条射线始末端点走时；将二阶 MSFM 和均匀速度模型走时计算值分别与走时解析解之差的绝对值作为误差值 ξ_1、ξ_2，列于表 3.2 中。可以看出，二阶 MSFM 算法的走时计算精度远远高于均匀速度模型，在本模拟实验中走时计算绝对误差平均减少了 97.65%［$(\xi_2-\xi_1)/\xi_2\times100\%$］。说明对于速度分层的区域岩体，运用二阶 MSFM 算法进行走时计算能够大大提高精度。

由于 MSFM 算法计算得到了从原点到模型中其余节点的初至走时，那么从接收点开始沿着等时面梯度下降的方向追回到源点，则可以得出计算点始末端的射线路径[252]，如图 3.5 所示。其中，10 条细线表示由二阶 MSFM 算法计算走时得到的射线路径；1 条粗虚线表示 $\theta=50°$ 时走时解析解对应射线路径。可以看出，采用 MSFM 算法计算从原点到末端点的初至走时，得到的射线路径能够很好地反映不同波速层界面的折射情况，同时射线路径与解析解的射线路径几乎重合。这说明，利用 MSFM 算法计算速度分层模型的初至走时是可靠的。

3.带空洞岩体模型 MSFM 走时计算

实际工程中，岩体内部空洞建筑物绝大多数为凸面体。为此，建立一个大小为 600m×600m 的二维模型来验证 MSFM 算法计算初至走时的可靠性。模型中存在半径为 150m，圆心坐标为（300，300）的空洞区域，按 1m×1m 划分成节点数为 601×601 的网格。其中，位于空洞区域内部的网格节点波速赋值 340m/s，其余节点赋均匀波速 4000m/s。

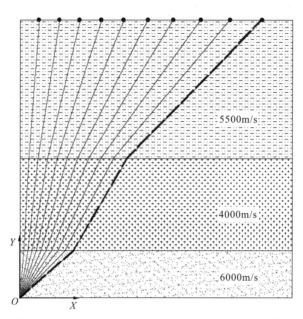

图 3.5 分层速度岩体中二阶 MSFM 算法与解析解的射线路径对比图

模拟震源发生在原点处，随机取 10 个位于空洞后方的节点作为末端点。容易证明，最短走时路径是"切向"紧贴圆形外壁，即由"切线—圆弧—切线"三段组成，因此可以求得对应(初至)走时解析解。同样，利用二阶 MSFM 算法计算走时；以波速为 4000m/s 的均匀速度模型计算走时；最后，将二阶 MSFM 和均匀速度模型走时计算值分别与走时解析解之差的绝对值作为误差值 ξ_1、ξ_2，列于表 3.3 中。

表 3.3 带空洞岩体中二阶 MSFM 算法和单一速度模型计算精度对比

末端点坐标/m		走时/ms			误差/ms	
x	y	解析法	二阶 MSFM 算法	均匀模型	二阶 MSFM 算法 ξ_1	均匀模型 ξ_2
369	529	166.2822	166.5002	161.2455	0.2180	5.0367
432	511	178.1871	178.5560	167.2844	0.3690	10.9027
509	288	147.6267	147.7270	146.2073	0.1003	1.4194
550	505	198.7625	199.1049	186.6690	0.3424	12.0935
577	347	170.1286	170.2232	168.3259	0.0946	1.8027
456	255	132.4949	132.6805	130.6142	0.1856	1.8808
443	388	164.2924	164.8363	147.2228	0.5439	17.0695
572	580	217.1122	217.4512	203.6517	0.3390	13.4605
492	465	184.7013	185.1620	169.2426	0.4607	15.4587
294	472	142.7912	143.0469	139.0189	0.2557	3.7723

从表 3.3 中可以看出，二阶 MSFM 算法的走时计算精度远远高于均匀速度模型，在本模拟实验中走时计算绝对误差平均减少了 95.18%[$(\xi_2-\xi_1)/\xi_2\times100\%$]。说明对于带有空洞的岩体，运用二阶 MSFM 算法进行走时计算能够有效提高精度。

同样，如图 3.6 所示，用 10 条细线分别表示由二阶 MSFM 计算走时得到的 10 条射线路径；用 1 条粗虚线表示末端点坐标为(369，529)的走时解析解对应射线路径。可以看出，采用 MSFM 算法计算走时得到的射线路径能够很好地反映(初至)射线绕过空洞传播，同时射线路径与解析解的射线路径几乎重合。这说明，利用 MSFM 算法计算带有空洞区域岩体的初至走时是可靠的。

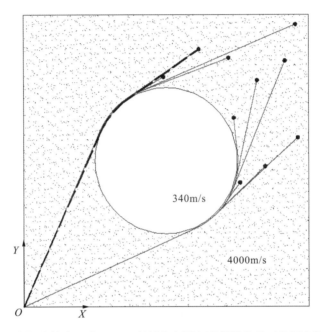

图 3.6　带空洞岩体中二阶 MSFM 算法与解析解的射线路径对比图(后附彩图)

4.MSFM 算法在三维复杂岩体中的验证

在第 3 小节中，通过模型实验验证了 MSFM 算法对两种常见的介质模型(分层速度岩体模型和带空洞岩体模型)中走时计算的有效性和可靠性。但是，对于复杂分布的岩体而言，我们很难得到两点之间射线路径的解析解。本小节中，将采用 MSFM 算法计算三维复杂模型中假定震源到传感器之间的射线路径，试图验证该算法计算获得的射线路径能够实现"层间折射"和"空洞绕射"现象。

首先建立三种模型实验进行对比分析，三种介质模型的速度复杂程度逐渐增加，这三种模型的参数分别如下。

1)模型一(均匀波速介质模型)

模型尺寸：100m×100m×50m；网格间距：1m×1m×1m；

岩体波速均一：4000m/s；

震源坐标：(0，0，0)；传感器坐标：(100，84，50)。

2）模型二(速度分区介质模型)

模型尺寸：100m×100m×50m；网格间距：1m×1m×1m；

岩体波速分布：$(x, y, z) \in \Omega : \begin{cases} 50 < x \leqslant 100 \\ 0 \leqslant y \leqslant 50 \\ 0 \leqslant z \leqslant 50 \end{cases}$ ，波速为 6500m/s，其余区域波速

为 4000m/s；

震源坐标：(0，0，0)；传感器坐标：(100，84，50)。

3）模型三(速度分区且带空洞介质模型)

模型尺寸：100m×100m×50m；网格间距：1m×1m×1m；

岩体波速分布：$(x, y, z) \in \Omega_1 = \begin{cases} 50 < x \leqslant 100 \\ 0 \leqslant y \leqslant 50 \\ 0 \leqslant z \leqslant 50 \end{cases}$ ，波速为 6500m/s，

$(x, y, z) \in \Omega_2 = \sqrt{(x-75)^2 + (y-75)^2} < 15$ ，波速为 340m/s；其余区域波速为

4000m/s；

震源坐标：(0，0，0)；传感器坐标：(100，84，50)。

采用 MSFM 算法分别计算上述三种模型中假定震源点(0，0，0)到其余所有节点的初至走时，获得的震源点到假定传感器接收点(100,84,50)的射线路径分别如图 3.7～图 3.9 所示(带方向的线条为射线路径)。可以看出，在均匀波速的介质模型(模型一)中，计算所得假定震源到传感器的射线路径为直线；在速度分区的介质模型(模型二)中，计算所得假定震源到传感器的射线路径为折线，在波速分界面处出现了明显的折射现象；在速度分区并伴有空洞的介质模型(模型三)中，

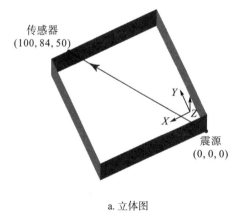
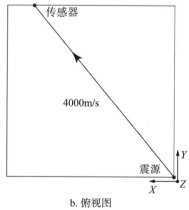

a. 立体图　　　　　　　　　　　　　b. 俯视图

图 3.7　MSFM 算法计算的模型一射线路径

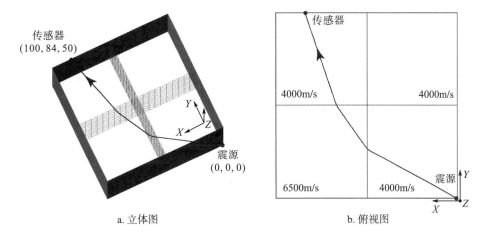

图 3.8　MSFM 算法计算的模型二射线路径

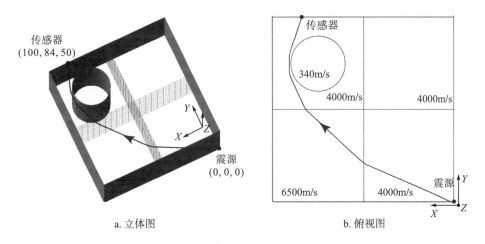

图 3.9　MSFM 算法计算的模型三射线路径

计算所得假定震源到传感器的射线路径由"折线+曲线"组成,其中射线路径在波速分层界面发生了折射,同时在低波速区域(空洞 340m/s)发生了绕射。由此进一步表明,由 MSFM 计算复杂介质模型获得的初至波走时是可信的,因此走时等时线获得的射线路径符合地球物理学中波传播的"折射"和"绕射"现象。

采用 MSFM 算法对上述三种介质模型进行计算得到,震源点到传感器初至走时(射线路径传播时间)分别为 35.1ms、33.7ms 和 36.1ms,相差 1~3ms。由此可见,在进行地质模型波传播正演计算时,如果没有建立精确的介质速度模型,那么初至波走时计算将会产生很大误差。因此,在对微地震进行定位计算前,对地质体速度分布了解越精确,建立的介质速度模型越接近真实地质体,那么由 MSFM 算法获得的初至波走时误差就越小,微震定位计算结果越精确。

另外，建立一个由三种波速(6000m/s，4000m/s，5500m/s)平行分层的三维速度模型，模型中包含三条在空间上互相平行的城门洞型隧洞，其中两个的尺寸为8m×6m(底板×边墙)，另一个尺寸为12m×9m(底板×边墙)。

假定震源发生在原点，利用MSFM计算整个模型节点的初至走时。图3.10给出了过原点(实心圆圈)和拟定接收点(五角星)竖直剖面内的走时等值线图(省去了隧洞内的密集部分)。从图3.10中可以看出，走时等值线在速度分层边界和隧洞边界附近有明显的变化；圆圈到五角星的线条为MSFM算法计算初至走时得到的射线路径，可以看出初至波射线路径绕过洞室传播，并在波速分层界面发生折射。

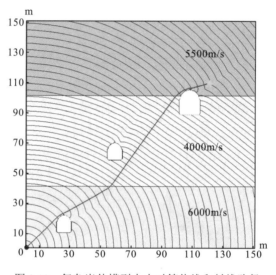

图3.10　复杂岩体模型中走时等值线和射线路径

3.2　基于MSFM的复杂岩体定位算法

在3.1节中，分别建立了分层速度岩体模型和带有空洞的岩体模型，采用MSFM算法计算初至波走时，通过与走时解析解对比，证明了MSFM算法能够极大地提高非均匀速度模型走时计算精度。对于速度分布复杂的岩体而言，例如速度分区且伴有空洞的岩体，由MSFM计算获得初至走时得到的射线路径符合地球物理学中波传播的"折线"和"绕射"现象。由此可见，MSFM算法计算复杂介质模型初至波走时是可信的。因此，本节采用二阶MSFM算法计算复杂岩体的初至波走时，以期提高定位精度。

3.2.1　目标函数选取

一般情况下，微震发生后，一部分能量会以纵波(P波)和横波(S波)的形式向外释放并传播，而且 P 波的传播速度比 S 波更快。在地震监测中，一般情况下由于震源离监测台站较远，P 波和 S 波的起跳时刻(初至时刻)很容易区分开来。然而，对于微震监测技术来说，现有微震传感器的响应范围一般仅有百米级，这样一来，微震监测区域大小相对于地震监测来说小很多。因此，在微震传感器接收到的波形中，往往 S 波的起跳点叠加在 P 波尾波当中，使得 S 波的初至时刻难以识别。因此，在微震监测中，通常仅采用 P 波初至时刻用于定位计算。

一般地，微震定位计算需要得到的震源参数包含空间位置(x_0, y_0, z_0)和发震时刻 t_0。假定 t_i 为第 i 个传感器接收 P 波初至时刻，那么其与震源参数之间的关系可表述为

$$t_i = t_0 + \Delta t_i \qquad (i=1,\ 2,\ \cdots,\ m) \tag{3.29}$$

其中，Δt_i 为应力波从震源传播到第 i 个传感器的走时。

最理想的情况下，微震事件发生时刻与传播时间之和 $t_0 + \Delta t_i$ 应该与拾取的波形到时 t_i 相等，即有如下关系：

或
$$\begin{aligned} \xi_i &= t_i - (t_0 + \Delta t_i) \\ \xi_i &= (t_i - t_0) - \Delta t_i \end{aligned} \tag{3.30}$$

但是，在实际微震监测中，采用的速度模型无法与真实监测区域岩体速度分布保持完全一致，导致走时计算 Δt_i 存在误差；同时，受人为因素和监测仪器精度的影响，微震信号起跳时刻 t_i 也存在一定误差。在这样的情况下，ξ_i 不为零。因此，常见的定位方法采用非线性优化工具，最优化求解使得计算走时值(Δt_i)与测量走时值($t_i - t_0$)或者计算到时值($\Delta t_i + t_0$)与测量到时值 t_i 残差最小的空间位置，并认为该空间位置为待测震源的定位结果。

如前所述，各种定位算法的实质是寻找走时残差最小位置作为震源位置[276]。非线性定位法的一般步骤是：①计算假定震源到各个检波器或传感器的微震应力波传播时间(走时)；②通过不断迭代、试算不同假定震源，选择使得应力波计算走时值与观测值残差最小的假定震源作为定位结果[277]。本章已经证明了二阶MSFM 算法用于复杂介质模型中初至波走时计算的可靠性。因此，在微震定位前需要选择可靠的目标函数形式作为衡量初至应力波走时计算值与观测值的残差。常见的目标函数形式有以下几种。

1) 到时形式的目标函数[238]

$$\min f = \sum_{i=1}^{m} [t_i - (t_0 + \Delta t_i)]^2 \tag{3.31}$$

到时形式的目标函数是一种常见的形式，常常被用于传统的定位算法中。对于单一速度模型而言，将监测区域岩体波速简化为均一波速 V。如果假定监测网络中第 i 个传感器的坐标为(x_i, y_i, z_i)，那么计算走时值如下：

$$\Delta t_i = \frac{l_i}{V} = \frac{\sqrt{(x_i - x_0)^2 + (y_i - y_0)^2 + (z_i - z_0)^2}}{V} \tag{3.32}$$

将式(3.32)代入式(3.31)即可得到"均一速度假定"下的到时形式目标函数:

$$\min f = \sum_{i=1}^{m}\left[t_i - \left(t_0 + \frac{\sqrt{(x_i - x_0) + (y_i - y_0)^2 + (z_i - z_0)^2}}{V} \right)\right]^2 \tag{3.33}$$

2) 到时差形式的目标函数[238]

类似于式(3.30),在最理想的情况下,可由式(3.29)推得第 i 和第 j 个传感器($i \neq j$)的到时之差存在如下关系:

$$\begin{aligned}\xi_{i,j} &= (t_i - t_j) - [(t_0 + \Delta t_i) - (t_0 + \Delta t_j)] \\ &= (t_i - t_j) - (\Delta t_i - \Delta t_j)\end{aligned} \tag{3.34}$$

但是,在实际微震监测中,由于受速度模型、人为因素和监测仪器精度的影响,$\xi_{i,j}$ 值不为零。同理,采用非线性优化工具求解到时差形式的目标函数,得到到时差实测值($t_i - t_j$)与到时差计算值($\Delta t_i - \Delta t_j$)偏离程度最小的空间位置作为定位结果。到时差形式的目标函数如下:

$$\min f = \sum_{i,\,j=1}^{m}\left[t_i - t_j - (\Delta t_i - \Delta t_j)\right]^2 \tag{3.35}$$

到时差形式的目标函数也是一种常见的形式,常常被用于传统的定位算法中。"均一速度假定"下的到时差形式目标函数如下:

$$\min f = \sum_{i,\,j=1}^{m}\left[t_i - t_j - \left(\frac{\sqrt{(x_i - x_0)^2 + (y_i - y_0)^2 + (z_i - z_0)^2} - \sqrt{(x_j - x_0)^2 + (y_j - y_0)^2 + (z_j - z_0)^2}}{V} \right)\right]^2$$

$$\tag{3.36}$$

3) 到时差商形式的目标函数[239]

对于传统"均一速度假定"下的定位算法,还可以推出一种到时差商形式的目标函数。类似于式(3.30),在最理想的情况下,可由式(3.29)推得第 i、第 j 和第 k 个传感器($i \neq j \neq k$)的到时分别为

$$\begin{aligned} t_i &= t_0 + \Delta t_i \\ t_j &= t_0 + \Delta t_j \\ t_k &= t_0 + \Delta t_k \end{aligned} \tag{3.37}$$

将式(3.37)两两求差即得

$$\begin{aligned} t_i - t_j &= \Delta t_i - \Delta t_j = \frac{l_i - l_j}{V} \\ t_i - t_k &= \Delta t_i - \Delta t_k = \frac{l_i - l_k}{V} \end{aligned} \tag{3.38}$$

对式(3.38)作商消去简化的均一波速值 V 后，得到类似于(3.30)式的关系式：

$$\xi_{i,j,k} = \frac{t_i - t_j}{t_i - t_k} - \frac{l_i - l_j}{l_i - l_k}$$

或

$$\xi_{i,j,k} = \frac{t_i - t_j}{l_i - l_j} - \frac{t_i - t_k}{l_i - l_k}$$ (3.39)

但是，在实际微震监测中，由于受速度模型、人为因素和监测仪器精度的影响，$\xi_{i,j,k}$ 值亦不为零。同理，采用非线性优化工具求解到时差商形式的目标函数，得到到时差商实测值与到时差商计算值偏离程度最小的空间位置作为定位结果。那么，到时差商形式的目标函数如下：

$$\min f = \sum_{i,\,j,\,k=1}^{m} \left[\frac{t_i - t_j}{t_i - t_k} - \frac{l_i - l_j}{l_i - l_k} \right]^2$$

或

$$\min f = \sum_{i,\,j,\,k=1}^{m} \left[\frac{t_i - t_j}{l_i - l_j} - \frac{t_i - t_k}{l_i - l_k} \right]^2$$ (3.40)

其中，l_i、l_j、l_k 分别为第 i、j、k 个传感器到待测震源的空间距离。

传统的单一速度定位方法利用非线性优化方法，求解使得上述目标函数最小的震源参数，并将其作为微震事件的最终定位结果。对上述三种目标函数的应用作以下几点说明：

①到时形式的目标函数式(3.33)将震源发生时刻 t_0 一同反演，共 4 个震源参数(x_0, y_0, z_0, t_0)；

②到时差形式的目标函数(3.36)和到时差商形式的目标函数(3.40)无法将震源发生时刻 t_0 一同反演求解；

③到时形式的目标函数(3.33)和到时差形式的目标函数(3.36)含有岩体波速 V 参数，在优化求解过程中，可以与震源参数一同反演，从而实现"均一速度假定"前提下的无须预先测速的微震定位算法[238]；

④到时差商形式的目标函数(3.40)不含有岩体波速 V 和震源发生时刻 t_0 参数，在优化求解过程中，仅须反演震源位置(x_0, y_0, z_0)3 个参数，从而可以实现"均一速度假定"前提下的无须测速的微震定位算法[239]；

⑤最优化求解过程其实是反演过程，通常反演参数数目越少，越有利于反演计算过程稳定地实现。

以上三种目标函数多应用于传统"均一速度假定"前提下的定位算法中。为了适应具有复杂分布的区域岩体微震监测，本书采用地震定位程序中两种常用的经典目标函数，分别介绍如下：

1)L2 目标函数

假定各通道 P 波初至时刻为 t_i。一共有 n 个传感器，应力波从震源传播到第 i 个传感器的走时为 Δt_i，L2 目标函数具体形式如下：

$$R^2 = \frac{1}{n}\sum_{i=1}^{n}(t_i - \Delta t_i - t_{\text{org}})^2 \tag{3.41}$$

其中，t_{org} 为

$$t_{\text{org}} = \frac{1}{n}\sum_{i=1}^{n}(t_i - \Delta t_i) \tag{3.42}$$

L2 目标函数实质是利用震源发生时刻参数来评价波形初至时刻的实测值和计算值之间的偏差程度。同样，找到使得 L2 目标函数最小的空间位置，即认为该空间位置为定位结果。

2）L1 目标函数

不同于 L2 目标函数，L1 目标函数的具体形式如下：

$$R = \frac{1}{n}\sum_{i=1}^{n}\left|t_i - \Delta t_i - t_{\text{org}}\right| \tag{3.43}$$

需要注意的是，L2 目标函数中的 t_{org} 为所有传感器初至时刻与波形走时之差 $(t_i - \Delta t_i)$ 的平均值。然而，L1 目标函数中的 t_{org} 为各个传感器初至时刻与波形走时之差 $(t_i - \Delta t_i)$ 的中值而非平均值。同样，找到使得 L1 目标函数最小的空间位置，即认为该空间位置为定位结果。

L2目标函数被广泛地应用到地震定位程序HYPOINVERSE[278]和HYPO71[279]中。在非线性优化求解中，L2 目标函数比 L1 目标函数更易于操作。然而，在数据处理中，L2 常常会产生奇异值，L1 目标函数对奇异值的敏感性比 L2 目标函数小得多，因此 L1 目标函数的鲁棒性更强，可以得到更加可靠的定位结果。Nelsont 和 Vidale 研究表明，对于采用网格节点搜索形式的定位算法，L1 或者 L2 目标函数是等价的[280]。因而，3.2.2 节提出的采用网格节点搜索形式的定位算法选取 L1 或 L2 其中一种即可。

3.2.2　复杂岩体定位算法设计

在"均一速度假定"前提下的定位方法中，将区域岩体简化为波速值处处相同，认为震源到传感器的射线路径为直线，将立体几何学中震源到传感器的空间距离与速度之商作为波形走时 Δt_i。在范围不大且波速均匀化程度较高的监测区域，这样的简化比较实用。然而，当监测区域范围较大且波速分布复杂时，这样的简化无疑会带来很大的应力波传播走时计算误差，从而很大程度地降低定位精度。

二阶 MSFM 算法可以计算得到某一假定震源到其余各个网格节点的初至波走时，其中包括到达各个传感器的走时。将网格模型中所有网格节点分别作为假定震源，按式（3.41）或式（3.43）计算得到各自的目标函数值，取前 n 个最小目标函数值所对应的假定震源，计算坐标平均值作为定位结果。但是，对于三维网格模型，每个假定震源到其余网格节点走时正演的计算耗时大。这样一来，对于网格

模型节点数较多的模型，一次微震事件的定位将耗时巨大。

为了提高定位效率，在微震定位前，按提出的定位算法分别以各传感器位置为起点，计算到其余各个网格节点的初至波走时，并分别保存。这样，走时正演计算的次数仅等同于传感器的数量，在微震事件定位时，只需调用已保存的各个传感器位置到其余所有网格节点的走时表，然后在所有网格节点中搜索使目标函数值最小的前 n 个网格节点，计算坐标平均值作为定位结果。这样避免大量的 MSFM 走时正演计算，提高了定位效率。此外，求解上述 n 个网格节点三向坐标的标准差，然后按照式(3.44)计算评价定位结果可靠性的指标 ψ。

$$\psi = \sqrt{\sigma_x^2 + \sigma_y^2 + \sigma_z^2} \tag{3.44}$$

其中，σ_x、σ_y、σ_z 分别为 x、y、z 坐标的标准差。指标 ψ 越低，则上述 n 个网格节点离散程度越小，表明定位可靠性越大。

本节提出的基于 MSFM 的复杂岩体微震定位方法流程如图 3.11 所示，具体如下：

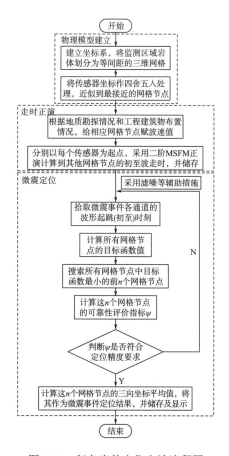

图 3.11　复杂岩体定位方法流程图

①将监测区域岩体划分为三维网格；

②将传感器坐标作四舍五入处理，使得传感器位于划分网格节点上；

③按照地质勘探资料和工程建筑物布置情况，将相应部位的波速值赋到对应网格节点上，其中，空洞区域内节点波速赋值为声波波速 340m/s；

④分别以各个传感器为起点，正演计算到网格其他节点的走时，并储存；

⑤拾取采集到的波形初至时刻 t_i；

⑥搜索所有网格节点中使得目标函数值最小的前 n 个网格节点，求解坐标平均值作为定位结果，并计算评价指标 ψ；

⑦如果评价指标 ψ 达到要求，则定位结束；如未达到要求，则考虑滤噪后重新拾取到时等措施，重复步骤⑤和⑥，直到达到理想的结果；

⑧重复步骤⑤～⑦，对各个微震事件进行定位。

3.2.3 定位算法理论模型试验

为了使所提出的复杂岩体定位算法能够在实际工程微震监测中发挥优势，本节建立了工程中常见的两种速度分布的岩体模型：速度分层岩体模型和带空洞岩体模型。分别在两种速度分布的岩体模型中预设传感器阵列，对假定微震震源进行定位计算，分析定位误差，寻找误差规律及来源，从而在实际工程微震监测应用中尽量减小误差，充分发挥优势。

1.速度分层岩体模型试验

如图 3.12 所示，建立一个 60m×60m×60m 的立方体岩体模型，模型参数如下：

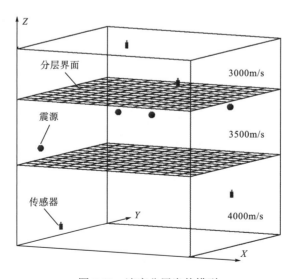

图 3.12 速度分层岩体模型

　　岩体波速分布：$0 \leqslant z < 24.5$，4000m/s；

　　　　　　　　　$24.5 \leqslant z < 44.5$，3500m/s；

　　　　　　　　　$44.5 \leqslant z < 60$，3000m/s。

　　网格间距：1m；网格节点数量：$61 \times 61 \times 61$。

　　在立方体模型中预设 4 个传感器，其坐标为：①(10，13，5)；②(50，50，13)；③(53，8，52)；④(12，53，56)。同时，假定该模型中发生 4 个震源：Ⅰ(5，9，30)，Ⅱ(51，47，41)，Ⅲ(8，55，36)，Ⅳ(31，33，39)。

　　根据地震学中 Snell 定律，已知波速层分布情况，有如下关系：

$$\frac{V_1}{V_2} = \frac{\sin\theta_1}{\sin\theta_2} \tag{3.45}$$

其中，V_1、V_2 为波速层分界面两侧的岩体波速值；θ_1、θ_2 分别为波速层分界面两侧的射线角度(入射角和出射角)。

　　根据波速与射线角度的关系式(3.45)，通过立体几何原理，可以求得 4 个假定震源到各个传感器的初至波走时解析解。同时，采用二阶 MSFM 算法计算假定震源到各个传感器之间的初至波走时。将初至波走时解析解、计算值和误差列于表 3.4 中。

表 3.4　初至波走时解析解与计算值对比

假定震源	走时/s	传感器坐标			
		① (10，13，5)	② (50，50，13)	③ (53，8，52)	④ (12，53，56)
Ⅰ (5，9，30)	解析解	0.00662	0.01620	0.01569	0.01561
	计算值	0.00670	0.01631	0.01578	0.01573
	误差	0.00008	0.00011	0.00009	0.00012
Ⅱ (51，47，41)	解析解	0.01698	0.00760	0.01237	0.01320
	计算值	0.01712	0.00764	0.01248	0.01325
	误差	0.00013	0.00004	0.00011	0.00004
Ⅲ (8，55，36)	解析解	0.01365	0.01273	0.01994	0.00637
	计算值	0.01371	0.01282	0.02013	0.00645
	误差	0.00007	0.00008	0.00019	0.00009
Ⅳ (31，33，39)	解析解	0.01179	0.00976	0.01089	0.01070
	计算值	0.01192	0.00989	0.01108	0.01032
	误差	0.00013	0.00014	0.00019	0.00038
走时正演平均误差/s		0.00010	0.00009	0.00015	0.00016

　　从表 3.4 可以看出，4 个假定震源到每个传感器的走时正演平均误差分别为 0.00010s、0.00009s、0.00015s、0.00016s，走时正演误差均在 0.1ms 左右，效果理想。根据二阶 MSFM 正演走时结果，可以绘制出四个震源到各传感器之间的射线路径，如图 3.13 所示。可以看出，正演射线路径在波速分层界面上发生了折射，进一步表明了二阶 MSFM 算法在速度分层岩体模型中的走时正演计算是可靠的。

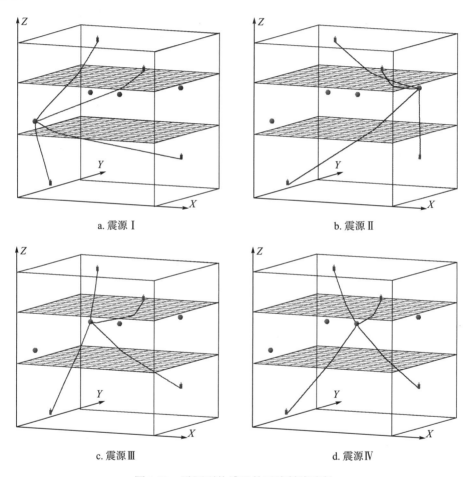

a.震源Ⅰ　　　　　　　　　　　　　　　　　b.震源Ⅱ

c.震源Ⅲ　　　　　　　　　　　　　　　　　d.震源Ⅳ

图 3.13　震源到传感器的正演射线路径

　　如果假定 4 个震源的相对发震时刻分别为：50ms、100ms、210ms 和 300ms，同时加上低于 0.5ms 的随机到时读取误差，得到 4 个假定震源到各个传感器的初至波到时"读取值"，采用 3.2.2 节中提出的定位方法对各个假定震源进行定位，定位结果列于表 3.5 中。

表 3.5　复杂岩体定位方法定位结果

假定震源	传感器初至时刻读取/s				定位结果/m			
	①	②	③	④	x	y	z	误差
I	0.05682	0.06658	0.06598	0.06588	4.8	8.9	30.1	0.245
II	0.11737	0.10785	0.11238	0.11368	51	47	41.3	0.300
III	0.22387	0.22285	0.23015	0.21679	8.1	54.8	36	0.223
IV	0.31215	0.31020	0.31125	0.31089	31.8	32.6	38.8	0.917

从表 3.5 可以看出，采用 3.2.2 节中提出的复杂岩体定位方法，对波速分层岩体模型中假定震源进行定位计算，得到的误差均小于 1m，平均误差为 0.421m。

为了做对比研究，将本波速分层岩体模型简化为单一速度模型，然后对网格节点波速重新赋值进行定位计算。其中，按照岩层厚度进行加权平均得到简化的单一波速值 V=(4000×24.5+3500×20+3000×15.5)/(24.5+20+15.5)=3575(m/s)。简化的单一速度模型定位结果列于表 3.6 中。

表 3.6　简化的单一速度模型定位结果

假定震源	传感器初至时刻读取/s				定位结果/m			
	①	②	③	④	x	y	z	误差
I	0.05682	0.06658	0.06598	0.06588	1	13.6	4.7	12.05
II	0.11737	0.10785	0.11238	0.11368	60.9	7.8	51.6	8.649
III	0.22387	0.22285	0.23015	0.21679	12.4	60.9	56.2	9.548
IV	0.31215	0.31020	0.31125	0.31089	27.5	61	51.4	5.749

从表 3.6 可以看出，简化的单一速度模型定位平均误差约为 9m，是简化前的约 21 倍，精度大大降低。因此，如果将波速分层的岩体进行波速均一化处理，采用单一速度模型进行定位，将增加走时正演误差，大大降低定位精度。

在实际工程中，监测岩体范围更大，采用本节提出的定位算法，建立的速度模型与真实岩体波速分布情况越相近，定位精度就越高。因此，在进行微震定位前，应该采用尽可能多的方法，例如钻孔声波测试和爆破试验反演，对监测区域岩体的速度分布进行充分了解。

2.带空洞岩体模型试验

如图 3.14 所示，建立一个 60m×60m×60m 的立方体岩体模型，模型参数如下：

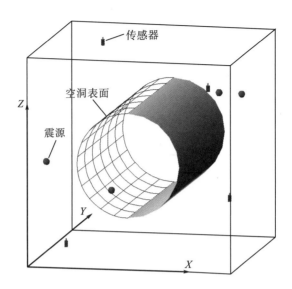

图 3.14　带空洞岩体模型

岩体波速分布：$(x,\ y,\ z)\in\Omega_2=\sqrt{(x-75)^2+(y-75)^2}<15$，波速为 340m/s；其余区域波速为 3400m/s；

网格间距：1m；网格节点数量：61×61×61。

在立方体模型中预设 4 个传感器，其坐标为：①(10，13，5)；②(50，50，13)；③(53，8，52)；④(12，53，56)。同时，假定该模型中发生 4 个震源：Ⅰ(5，9，30)，Ⅱ(14，55，14)，Ⅲ(56，39，46)，Ⅳ(54，18，50)。

根据立体几何学知识，位于空洞异侧的两点之间绕过空洞的最短射线路径为"切线+直线+切线"组合。因此，可以通过 AutoCAD 读取该路径的总长度，然后求得 4 个假定震源到各个传感器的初至波走时解析解值。同时，采用二阶 MSFM 算法计算假定震源到各个传感器之间的初至波走时。将初至波走时解析解、计算值和误差列于表 3.7 中。

表 3.7　初至波走时解析解与计算值对比

假定震源	走时/s	传感器坐标			
		① (10，13，5)	② (50，50，13)	③ (53，8，52)	④ (12，53，56)
Ⅰ (5，9，30)	解析解	0.00737	0.01830	0.01538	0.01474
	计算值	0.00746	0.01819	0.01516	0.01484
	误差	0.00009	0.00011	0.00022	0.00010

续表

假定震源	走时/s	传感器坐标			
		① (10，13，5)	② (50，50，13)	③ (53，8，52)	④ (12，53，56)
II (14，55，14)	解析解	0.01233	0.01039	0.02309	0.01203
	计算值	0.01240	0.01044	0.02071	0.01206
	误差	0.00008	0.00005	0.00239	0.00003
III (56，39，46)	解析解	0.02002	0.01009	0.00906	0.01350
	计算值	0.01925	0.01019	0.00914	0.01361
	误差	0.00077	0.00010	0.00007	0.00011
IV (54，18，50)	解析解	0.01935	0.01402	0.00293	0.01571
	计算值	0.01813	0.01411	0.00301	0.01581
	误差	0.00123	0.00009	0.00008	0.00010
走时正演平均误差/s		0.00054	0.00009	0.00069	0.00009

　　从表 3.7 可以看出，4 个假定震源到每个传感器的走时正演平均误差分别为 0.00054s、0.00009s、0.00069s、0.00009s，走时正演误差小于 1ms，效果理想。

　　根据二阶 MSFM 正演走时结果，可以绘制出四个震源到各传感器之间的射线路径，如图 3.15 所示。可以看出，正演射线路径在空洞附近发生了"绕射"现象，进一步表明二阶 MSFM 算法在带空洞岩体模型中的走时正演计算是可靠的。需要指出的是，受网格尺度的影响，射线不能完全贴合洞壁表面，但可在计算机性能允许的情况下通过尽量减小网格尺寸的方式来逼近真解。

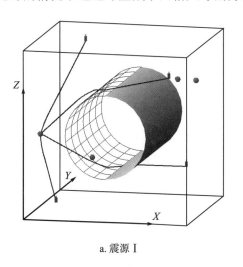
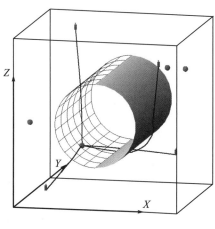

a. 震源 I　　　　　　　　　　　　　　　　b. 震源 II

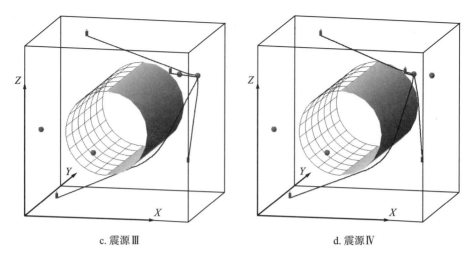

c.震源Ⅲ   d.震源Ⅳ

图3.15 震源到传感器的正演射线路径

同样，如果假定 4 个震源的相对发震时刻分别为：50ms、100ms、210ms 和 300ms，同时加上低于 0.5ms 的到时读取误差，得到 4 个假定震源到各个传感器的初至波到时，采用 3.2.2 节中提出的定位方法思路对各个假定震源进行定位，定位结果列于表 3.8 中。

表 3.8 复杂岩体定位方法定位结果

假定震源	传感器初至时刻读取/s				定位结果/m			
	①	②	③	④	x	y	z	误差
Ⅰ	0.05765	0.06857	0.06566	0.06512	7.1	8.7	30.0	2.121
Ⅱ	0.11240	0.11069	0.12332	0.11217	12.7	57.0	12.4	2.872
Ⅲ	0.23049	0.22052	0.21922	0.22396	54.3	38.2	45.0	2.128
Ⅳ	0.31943	0.31428	0.30307	0.31594	52.4	17.2	48.7	2.211

从表 3.8 可以看出，采用 3.2.2 节中提出的复杂岩体定位方法，对带空洞岩体模型中假定震源进行定位计算，得到的误差均小于 3m，平均误差为 2.333m。

为了做对比研究，将带空洞岩体模型简化为单一速度模型，然后对网格节点波速进行重新赋值定位计算。其中，单一波速采用去除空洞后的岩体波速 V=3400m/s。简化单一速度模型的定位结果列于表 3.9 中。

从表 3.9 可以看出，简化的单一速度模型定位平均误差为 5.113m，是简化前的 2 倍多。因此，如果将带空洞岩体进行波速均一化处理，采用单一速度模型进行定位，将增加走时正演误差，从而降低定位精度。

表 3.9　简化单一速度模型定位结果

假定震源	传感器初至时刻读取/s				定位结果/m			
	①	②	③	④	x	y	z	误差
I	0.05765	0.06857	0.06566	0.06512	6.5	9.8	30.2	1.712
II	0.11240	0.11069	0.12332	0.11217	10.2	60.5	9.6	8.003
III	0.23049	0.22052	0.21922	0.22396	58.7	41.1	48.1	4.014
IV	0.31943	0.31428	0.30307	0.31594	59.1	20	53.9	6.725

在实际工程中，监测岩体范围更大，同时对于地下工程而言，地下洞室群的空洞效应对初至波走时计算影响更大。采用本节提出的定位算法，建立的速度模型将空洞部分岩体波速赋值声波波速 340m/s，与真实岩体波速分布情况相近，定位精度较均一化波速模型高。随着工程开挖作业不断推进，在进行微震定位前，需要及时了解空洞区域范围。

3.最优节点数目 n 的影响分析

理论上，目标函数值最小的节点位置即为定位结果，然而考虑到建模误差（速度分布情况了解程度、网格划分大小）和人工读取波形到时误差的影响，目标函数值最小的节点位置往往偏离真实震源。在对上述带空洞岩体模型试验的 4 个假定震源进行高精度定位计算中，采取目标函数最优节点数目 $n=10$，表 3.10 将 4 个震源的前 10 个最优节点位置坐标按照目标函数值从小到大的顺序进行排列。

表 3.10　震源定位的前 10 个最优节点

震源	最优节点参数				震源	最优节点参数			
	x	y	z	目标函数值		x	y	z	目标函数值
I (5, 9, 30)	6	9	30	9.76×10^{-6}	II (14, 55, 14)	13	56	13	3.90×10^{-5}
	8	8	30	5.20×10^{-5}		13	57	13	5.27×10^{-5}
	7	9	30	5.56×10^{-5}		12	58	12	5.61×10^{-5}
	10	8	30	6.62×10^{-5}		13	57	12	5.75×10^{-5}
	5	**9**	**30**	6.73×10^{-5}		12	59	11	6.01×10^{-5}
	7	9	30	7.48×10^{-5}		**14**	**55**	**14**	6.42×10^{-5}
	7	10	30	7.76×10^{-5}		12	57	12	7.76×10^{-5}
	10	7	30	8.30×10^{-5}		13	58	12	7.81×10^{-5}
	6	10	30	8.83×10^{-5}		12	58	11	8.84×10^{-5}
	5	8	30	9.21×10^{-5}		13	55	14	8.97×10^{-5}

续表

震源	最优节点参数				震源	最优节点参数			
	x	y	z	目标函数值		x	y	z	目标函数值
	54	38	45	2.53×10^{-5}		52	17	49	6.87×10^{-5}
	55	38	45	4.83×10^{-5}		53	17	49	8.27×10^{-5}
	56	**39**	**46**	7.29×10^{-5}		51	17	49	8.48×10^{-5}
	53	37	44	8.81×10^{-5}		52	17	48	9.07×10^{-5}
III	56	39	45	8.82×10^{-5}	IV	54	18	49	9.22×10^{-5}
(56, 39, 46)	53	38	45	9.90×10^{-5}	(54, 18, 50)	51	16	48	10.40×10^{-5}
	53	38	44	10.28×10^{-5}		**54**	**18**	**50**	10.50×10^{-5}
	55	39	45	10.52×10^{-5}		53	17	48	10.70×10^{-5}
	55	39	46	10.58×10^{-5}		51	17	48	10.90×10^{-5}
	53	37	45	10.80×10^{-5}		53	18	49	12.10×10^{-5}

从表 3.10 可以看出,对 4 个震源的定位计算中,与震源实际位置相同的网格节点并不是目标函数值最小的网格节点,而分别是第 5、6、3、7 个节点。取前 10 个目标函数最优的网格节点三向坐标平均数作为定位结果,将与震源实际位置相同的节点纳入平均值计算可以减小误差。因此,在实际应用中,需要考察并选取合适的 n 值,从而达到更佳的定位效果。

3.3　工　程　验　证

3.3.1　水电工程边坡微震定位速度模型建立

某水电工程边坡为顺向坡,倾向河流上游南东方向,倾角较缓。拱肩槽建基面开挖高程为 600~834m,规模巨大,地质构造复杂,开挖卸荷引起岩体破裂问题突出。该边坡微震监测系统共安装 18 通道单轴加速度传感器,传感器阵列分别布置在 610m 高程的 1#灌排洞及施工连接洞、660m 高程的 2#灌排洞和 750m 高程的 4#灌排洞及抗力体排水洞内。

根据传感器网络的布置范围及监测区域大小,建立 300m×300m×264m 的网格模型,按 1m×1m×1m 的间隔划分为节点数为 301×301×265 的三维网格。由于走时计算时只能计算各个网格节点走时,因此将传感器坐标四舍五入,使其对应到网格节点上,转换后的传感器坐标列于表 3.11 中。

表 3.11　传感器坐标

编号 坐标	第 4 层灌排廊道及抗力体排水洞(EL750)					
	1	2	3	4	5	6
N	3012872	3012938	3012965	3012910	3012873	3012837
E	588977	589078	589025	589030	589055	589074
D	756	747	750	753	756	755
编号 坐标	第 2 层灌排廊道(EL660)					
	7	8	9	10	11	12
N	3012821	3012872	3012844	3012831	3012912	3012963
E	589094	589019	589044	589116	589078	589115
D	666	668	667	666	670	670
编号 坐标	第 1 层灌排廊道及施工连接洞(EL610)					
	13	14	15	16	17	18
N	3012764	3012758	3012785	3012784	3012821	3012870
E	589199	589187	589158	589139	589155	589140
D	608	609	613	614	614	611

　　边坡坡内共分布四层灌排廊道、交通洞和施工连接洞，形成不可忽视的空洞区域。为此，模型中位于空洞内部的节点波速赋值为 340m/s。与此同时，如图 3.16 所示，边坡为顺层岩质边坡，不同岩层岩性各异，各岩层产状近似为 N45°E/SE ∠20°。开挖过后的坝基拱肩槽岩体岩质坚硬，呈微新状态，无卸荷或弱卸荷，其岩体波速分类列于表 3.12 中。

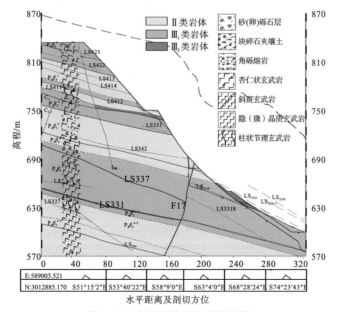

图 3.16　边坡拱轴线地质剖面图

表 3.12   岩体波速分类

亚类	岩性	声波波速 V_{ps}/(m/s)	地震波波速 V_{pd}/(m/s)	波速编号
II$_1$	斜斑玄武岩、隐晶质玄武岩、杏仁状玄武岩	>4700	>4100	V_1
II$_2$	柱状节理玄武岩	>5100	>4700	V_2
III$_1$	斜斑玄武岩、隐晶质玄武岩、杏仁状玄武岩、角砾熔岩	4200～4700	>3500	V_3
III$_1$	柱状节理玄武岩	4700～5100	4500～4700	V_4

如图 3.17 所示，结合岩性和岩石类别，将模型区域岩体进行波速分层处理：共分为 11 层，4 种类别(分别用 V_1，V_2，V_3，V_4 表示)，各波速层交替出现，相应厚度由地质勘探图纸换算得到。网格中除位于空洞中的其余节点波速值按照该速度层划分情况进行赋值，具体的 4 种层速度值采用对已知爆破坐标的爆破事件进行定位来试算得到相对最优组合。

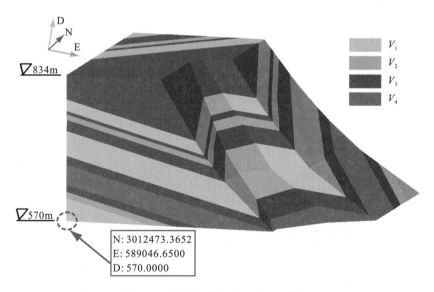

图 3.17   边坡岩体波速分层几何模型

现场收集到 610m 高程灌排廊道的 4 个开挖爆破数据列于表 3.13 中。依据勘探波速建议值，分别按照 V_1 在 4100～4700m/s，V_2 在 4700～5100m/s，V_3 在 3500～4500m/s，V_4 在 4600～5000m/s，以 200m/s 为间隔进行组合后赋值到各波速层内网格节点上。采用各个速度组合分别对 4 次开挖爆破数据进行定位，其中 V_1＝4500m/s，V_2＝5100m/s，V_3＝4100m/s，V_4＝4800m/s 的速度组合下 4 个爆破事件平均定位误差最小(9.6m)，具体列于表 3.13 中。

表 3.13　相对最优速度组合下爆破事件定位结果

序号	时间	爆破孔底坐标/m			定位结果/m			
		N	E	D	N	E	D	误差
1	2015.18 11:29	3012848.36	589030.94	618.06	3012853.24	589036.34	619.32	7.39
2	2015.19 13:01	3012848.35	589028.32	617.95	3012853.59	589034.93	619.98	8.66
3	2015.19 04:23	3012793.06	589166.74	612.98	3012785.19	589159.61	610.85	10.83
4	2015.20 11:11	3012791.51	589169.36	612.81	3012798.34	589161.23	617.27	11.52

3.3.2　爆破事件走时正演验证

本节分别采用 MSFM 算法(采用上述相对最优速度组合,且考虑空洞)和单一速度模型(速度值取上述波速组合的平均值为 4625m/s,且未考虑空洞)对 1 号爆破事件进行已知震源的走时正演计算,结果列于表 3.14 中。其中,波形触发时间和相对发震时刻以波形采集窗口起点 0s 计时,因 3、13、14、16 和 17 号传感器失效而未参与对比分析。

表 3.14　1 号爆破事件走时正演结果对比

传感器	波形触发时间/s	考虑空洞和波速分层的 MSFM 法		单一速度模型	
		走时/s	相对发震时刻/s	走时/s	相对发震时刻/s
1	0.11045	0.03829	0.07216	0.03239	0.07806
2	0.11735	0.04147	0.07588	0.03542	0.08193
3	0	0.04275	—	0.03801	
4	0.11045	0.03714	0.07331	0.03201	0.07844
5	0.11165	0.03714	0.07451	0.03064	0.08101
6	0.1153	0.04017	0.07513	0.03102	0.08428
7	0.0919	0.01777	0.07413	0.01807	0.07383
8	0.09185	0.01768	0.07417	0.01212	0.07973
9	0.09955	0.02378	0.07577	0.01105	0.08850
10	0.104	0.02804	0.07596	0.02146	0.08254
11	0.10035	0.02556	0.07479	0.02036	0.07999
12	0.11165	0.03681	0.07484	0.03262	0.07903
13	0	0.04388	—	0.04076	—
14	0	0.04239	—	0.03903	—
15	0.10965	0.03491	0.07474	0.03078	0.07887
16	0	0.03126	—	0.02718	—
17	0	0.03164	—	0.02737	—
18	0.10155	0.02739	0.07416	0.02406	0.07749

由于监测的是同一震动信号，那么理论上各个通道的相对发震时刻是相同的。采用反映各个通道相对发震时刻离散程度的指标(标准差，也可用 3.2.1 中提出的 L2 目标函数形式)来衡量正演的精度。通过对比发现，单一速度模型各个有效通道的相对发震时刻较考虑空洞、波速分层 MSFM 法计算得更加离散，其中前者标准差为 0.00344s，后者标准差为 0.00102s，减少了 70.35%，这进一步证明 MSFM 法的优越性，同时说明 3.3.1 节中建立的考虑空洞和波速分层的速度模型有利于走时计算，用于该工程的微震定位是可靠的。另外，图 3.18 给出了 1 号爆破事件的二阶 MSFM 走时正演结果的射线路径，可以看出射线传播路径绕过空洞且在波速层分界面上发生折射的现象。

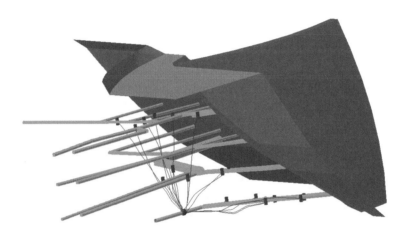

图 3.18   1 号爆破事件正演射线路径

3.3.3 定位效果对比和分析

本节采用单一速度模型(采用 4 种波速区波速的均值 4625m/s)和基于 MSFM 的考虑空洞和波速分层定位方法(采用 3.3.1 节建立的速度模型)对采集的 125 个微震事件分别进行定位，在此期间，受 750m 高程置换洞和 610m 高程灌排廊道开挖的影响，边坡层内错动带 LS331 和 LS337 受到坡内廊道开挖卸荷扰动，内部微破裂沿其分布带附近萌生和发展，是主要的岩体损伤区。结果对比如图 3.19 所示(球体代表微震事件，球体的颜色代表时间)。从图 3.19 中定位结果图对比来看，单一速度模型定位的微震事件分散在整个边坡内，无明显的分布规律；基于 MSFM 的考虑空洞和波速分层定位方法的微震事件在岩体主要损伤区域(层内错动带 LS331 和 LS337)附近有更明显呈条带状分布的聚集现象。另外，随着坡内廊道开挖作业的推进，部分微破裂事件在开挖廊道附近岩体发生。

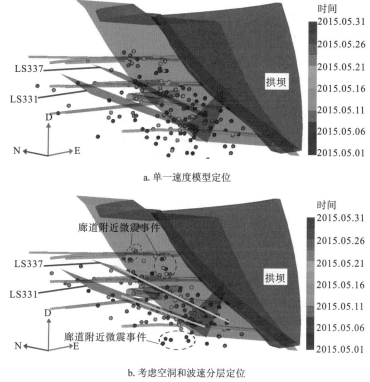

a. 单一速度模型定位

b. 考虑空洞和波速分层定位

图 3.19 两种定位算法下微震事件定位结果的空间分布特征

根据空间解析几何关系式(3.46)，可以计算得到空间中点 (x_0, y_0, z_0) 到平面 $Ax+By+Cz+D=0$ 的距离 d。

$$d = \frac{|Ax_0 + By_0 + Cz_0|}{\sqrt{A^2 + B^2 + C^2}} \qquad (3.46)$$

分别计算某个微震事件到两个层内错动带的空间距离，然后选择较小的距离值作为评价该微震事件偏离层内错动带程度大小的指标 η。该指标值越小，表明微震事件的空间位置越靠近层内错动带；反之，则表明越远离层内错动带。圈定出沿着 LS331 和 LS337 分布的 98 个微震事件，给出三个时间段内两种定位方法的结果对比，分别如图 3.20～图 3.22 所示。同时，分别计算单一速度模型和基于 MSFM 的考虑空洞和波速分层速度模型定位微震事件的指标 η_1 和 η_2，结果分别列于表 3.15～表 3.17 中。

结果表明，单一速度模型定位的微震事件中，平均偏离程度指标 η_1 分别为 16.2m、17.3m、17.8m；然而，基于 MSFM 的考虑空洞和波速分层速度模型定位微震事件中，平均偏离程度指标 η_2 分别为 9.3m、8.2m、9.2m，分别降低了 42.59%、52.60%和 48.31%，这说明本章针对工程岩体建立的基于 MSFM 的考虑空洞和波速分层定位方法较单一速度模型更加合理可靠。

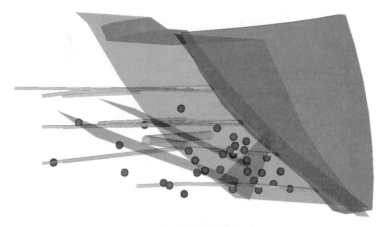

a. 单一速度模型定位

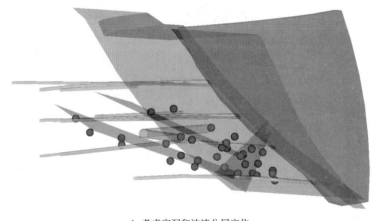

b. 考虑空洞和波速分层定位

图 3.20   第一时段微震事件定位对比

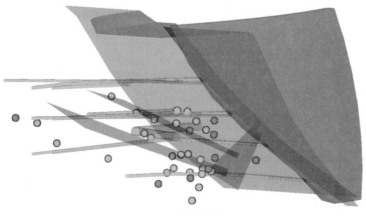

a. 单一速度模型定位

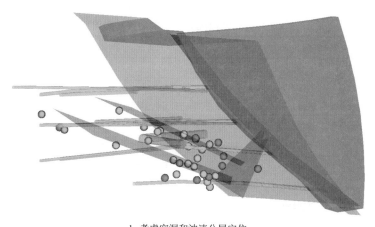

b. 考虑空洞和波速分层定位

图 3.21　第二时段微震事件定位对比

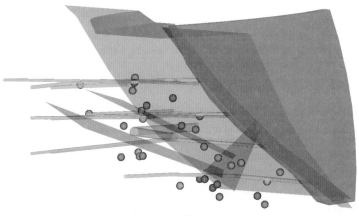

a. 单一速度模型定位

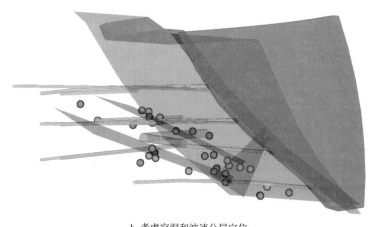

b. 考虑空洞和波速分层定位

图 3.22　第三时段微震事件定位对比

表 3.15 第一时段微震事件定位结果对比

序号	单一速度模型定位结果/m				考虑空洞和波速分层定位结果/m				$\eta_1-\eta_2$
	N	E	D	η_1	N	E	D	η_2	
1	3012803	589047	654	12.9	3012803	589047	674	10.2	2.7
2	3012843	589158	656	5.2	3012843	589153	655	2.8	2.4
3	3012869	589277	625	14.9	3012879	589277	615	3.7	11.2
4	3012827	589089	636	1.7	3012827	589081	641	3.8	-2.2
5	3012784	589084	662	3.4	3012779	589084	662	2.6	0.8
6	3012764	589199	608	6.8	3012789	589199	608	12.0	-5.2
7	3012804	589150	649	4.4	3012804	589149	648	3.1	1.3
8	3012811	589133	671	16.5	3012812	589140	674	21.6	-5.1
9	3012823	589191	604	0.6	3012819	589191	614	9.7	-9.1
10	3012961	589091	696	7.0	3012941	589091	706	6.2	0.8
11	3012825	589200	628	0.9	3012825	589199	631	1.0	-0.1
12	3012845	589058	726	32.5	3012855	589058	716	21.3	11.2
13	3012795	589140	677	28.5	3012775	589140	657	14.5	14.0
14	3012812	589033	606	37.6	3012812	589033	651	4.6	33.0
15	3012821	589166	632	9.0	3012820	589168	632	8.2	0.9
16	3012815	589062	635	3.6	3012812	589061	633	5.0	-1.4
17	3012827	589186	618	9.7	3012855	589186	616	1.2	8.4
18	3012783	589072	700	26.8	3012789	589072	691	17.4	9.4
19	3012847	589024	621	34.4	3012847	589044	641	10.4	23.9
20	3012870	588957	677	4.6	3012870	588967	677	2.0	2.6
21	3012801	589032	668	20.1	3012811	589032	678	13.1	7.0
22	3012771	589067	641	14.0	3012771	589067	649	18.5	-4.5
23	3012671	589023	676	10.3	3012683	589033	656	6.7	3.6
24	3012828	589146	682	27.8	3012838	589146	662	7.6	20.3
25	3012764	589199	608	6.8	3012794	589199	618	3.9	2.8
26	3012928	588876	653	61.8	3012928	588956	683	12.8	48.9
27	3012802	589188	652	20.8	3012802	589187	649	18.1	2.7
28	3012829	589226	611	8.2	3012842	589204	616	9.1	-0.9
29	3013004	589090	626	49.2	3013004	589090	656	21.1	28.1
30	3012824	589140	607	11.1	3012834	589140	627	5.3	5.9
31	3012758	588954	624	28.5	3012758	588954	674	18.3	10.2
32	3012861	588866	714	8.4	3012862	588866	710	4.6	3.7
33	3012801	589114	666	7.4	3012801	589114	666	7.4	0.0

表 3.16　第二时段微震事件定位结果对比

序号	单一速度模型定位结果/m				考虑空洞和波速分层定位结果/m				$\eta_1-\eta_2$
	N	E	D	η_1	N	E	D	η_1	
1	3012833	589022	605	45.7	3012833	589022	625	27.0	18.7
2	3012836	589088	680	3.9	3012836	589088	681	4.2	-0.3
3	3012795	589052	614	21.0	3012791	589050	623	12.1	8.8
4	3013033	588917	698	33.3	3013033	588990	691	20.9	12.5
5	3012854	589236	630	7.6	3012856	589233	629	5.5	2.2
6	3012889	589187	634	10.6	3012886	589189	634	11.7	-1.1
7	3012792	589095	676	11.8	3012789	589091	676	11.1	0.6
8	3012855	589154	691	33.6	3012845	589154	651	0.7	33.0
9	3012750	589046	630	2.8	3012755	589041	630	0.4	2.5
10	3012853	589117	692	21.4	3012853	589117	662	5.9	15.5
11	3013034	588962	688	31.0	3013074	588992	708	13.8	17.2
12	3012814	589065	648	9.9	3012814	589065	641	3.3	6.6
13	3012996	588966	660	47.1	3012996	588966	690	19.0	28.1
14	3012925	589064	704	2.2	3012925	589064	694	11.3	-9.1
15	3012895	589052	675	12.9	3012899	589049	676	11.3	1.6
16	3012752	589043	687	11.4	3012756	589043	677	1.5	9.9
17	3012848	589074	710	23.3	3012848	589074	685	0.6	22.7
18	3012896	589065	668	9.4	3012896	589065	688	9.9	-0.4
19	3012880	589111	642	0.7	3012880	589113	640	0.5	0.2
20	3013016	589182	685	4.6	3013018	589182	680	0.6	3.9
21	3012902	589113	639	6.5	3012900	589114	640	5.0	1.6
22	3012903	588986	641	38.1	3012903	588986	671	10.0	28.1
23	3012774	589074	624	0.9	3012774	589072	629	2.9	-2.0
24	3012813	589088	639	7.6	3012810	589088	623	6.7	0.9
25	3012749	589013	585	47.4	3012751	589014	658	20.7	26.7
26	3012960	589045	727	4.7	3012960	589045	717	4.4	0.4
27	3012875	589078	617	29.9	3012875	589078	647	1.8	28.1
28	3012844	589096	618	17.0	3012844	589096	678	3.2	13.7
29	3012746	589024	604	26.1	3012745	589021	635	2.4	23.7
30	3012938	589177	700	32.5	3012949	589177	660	6.1	26.4
31	3012799	589027	695	3.0	3012799	589030	691	0.1	2.9
32	3012844	589063	626	18.2	3012849	589061	628	18.0	0.2
33	3012765	589047	622	8.1	3012765	589047	621	8.8	-0.7
34	3012823	589101	625	4.4	3012825	589107	609	18.3	-13.9

表 3.17　第三时段微震事件定位结果对比

序号	单一速度模型定位结果/m				考虑空洞和波速分层定位结果/m				$\eta_1-\eta_2$
	N	E	D	η_1	N	E	D	η_1	
1	3012927	589072	646	17.0	3012927	589088	646	12.9	4.2
2	3012908	589064	696	5.6	3012908	589064	699	2.9	2.7
3	3012865	589018	645	17.3	3012865	589018	655	7.9	9.4
4	3012789	589031	605	33.2	3012794	589034	635	5.5	27.7
5	3012775	589194	606	12.8	3012795	589194	606	8.1	4.7
6	3013044	589079	696	4.7	3013046	589079	695	3.3	1.4
7	3012926	589041	686	12.7	3012926	589041	696	17.9	−5.2
8	3012915	589049	738	25.3	3012915	589049	718	7.2	18.2
9	3012901	589013	642	29.6	3012901	589033	642	24.4	5.2
10	3013059	589074	738	4.6	3013079	589074	718	15.5	−10.9
11	3012840	589159	581	34.4	3012840	589159	636	11.5	22.9
12	3012898	589052	709	3.6	3012878	589052	709	7.7	−4.2
13	3012768	589135	636	5.7	3012768	589136	636	5.5	0.2
14	3012615	588795	667	3.3	3012615	588795	687	22.1	−18.7
15	3012794	589238	617	8.8	3012794	589238	596	10.2	−1.4
16	3012764	589112	633	15.8	3012765	589112	639	10.2	5.6
17	3012698	589119	579	14.0	3012728	589119	599	2.3	11.7
18	3012926	589064	755	44.4	3012916	589064	715	10.2	34.3
19	3012766	589087	645	14.2	3012766	589087	650	9.7	4.5
20	3012840	589235	580	16.1	3012855	589235	589	11.2	4.9
21	3012808	589098	659	6.6	3012808	589098	656	9.3	−2.8
22	3012879	589145	679	14.0	3012879	589145	649	13.3	0.7
23	3012783	589101	605	14.2	3012785	589101	617	3.4	10.8
24	3012837	589115	701	32.5	3012840	589118	681	14.8	17.7
25	3012771	589065	615	11.7	3012771	589065	635	7.0	4.7
26	3012943	589104	712	16.2	3012946	589104	652	7.1	9.1
27	3012869	589145	607	21.0	3012858	589150	632	6.3	14.8
28	3012883	589184	592	28.5	3012875	589184	622	1.5	27.0
29	3012892	589128	685	10.3	3012890	589130	685	11.8	−1.6
30	3012914	589051	749	36.7	3012901	589051	709	3.1	33.6
31	3012830	589053	731	38.2	3012843	589053	691	0.9	37.3

　　需要指出的是，地质勘探结果与实际岩体性质存在差异，并且随着现场施工开挖和支护的进行，区域岩体波速分布情况会不断调整变化。那么，3.3.1 节建立的速度模型划分的速度层以及优化得到的速度组合与实际岩体并非完全一致。通过建立与该工程实际岩体波速分布更加接近的速度模型能够进一步提高本章所提出定位方法的微震事件的定位精度。

第4章 基于S变换的微震信号频率特征分析

4.1 波形频率特征处理分析方法

地下洞室开挖卸荷过程中，由于现场施工条件复杂，各种噪声信号较多(包括开挖爆破、机械振动、电流干扰等)，微震波形信号的识别存在一定的困难。地下洞室微震信号的有效识别是震源参数分析和工程灾害评估的基础，也是开展微震监测需要解决的关键问题之一。

目前对声发射/微震信号的研究主要集中在三个方面：时域、频域、时频域。时域波形为监测信号最直观的表达形式，描述信号能量随时间的变化规律，但在波的传播过程中，工程噪音和传播衰减将对时域波形产生较大影响，在一定程度上掩盖了波形中所包含的真实信息；另外，时域内的波形表达形式无法反映信号能量随频率的变化。在频域内，信号能量被表示为频率的函数，描述信号能量随频率的变化规律，记录信号能量的主要分布频段，但遗憾的是，频域信号仍不能反映信号频率随时间的变化情况。时频域联合了时域和频域对信号的表达方式，将信号能量、频率、时间结合起来，描述了信号能量随时间、频率的变化关系。

为了将时域内监测到的波形转化到频域或时频域内进行观察，目前常规工具有基于快速傅里叶变换(Fast Fourier Transform，FFT)的频谱分析和基于短时傅里叶变换(Short-Time Fourier Transform，STFT)、小波变换(Wavelet Transform，WT)和S变换(S Transform，ST)的时频分析。快速傅里叶变换是离散傅里叶变换(Discrete Fourier Transform，DFT)的高效算法，解决了离散傅里叶变换运算时间长，占用内存空间大的问题[281]，但傅里叶变换是将信号时域转换到频域的工具，虽然在频域中，傅里叶变换具有较好的局部化能力，特别是对于频率成分较简单的平稳和渐变信号，傅里叶变换能很轻易地将信号表示成各频率成分叠加和的形式[282]，但在时域内却没有局部化能力，即傅里叶变换不能揭示频率随时间的变化情况。Gabor于1946年在傅里叶变换的基础上提出了短时傅里叶变换的概念[283]，实现了在选定的窗口函数和时宽下对信号在时频域内进行分析，其基本思想为：假定信号在分析时窗很短的时间间隔内是平稳的，通过移动窗函数，计算不同时刻的功率谱。但短时傅里叶变换的缺陷在于，窗口函数在移动过程中窗宽固定不变，因此在非平稳信号的分析中仍然存在局限性，且窗口函数和分析时宽的选择对信号的分析结果有较大影响。20 世纪 80 年代初，Morlet 等提出了小波变换的概念，小波变换通过选定的小波函数对信号进行不同尺度下的分析，在时间和尺度上描述信号特征[284,285]。小波变换提供了多分辨率的信号分析方法，可以针对信号的频率成分自动调节窗口大小，实现对非平稳信号的分解，被称为分析信号的显微镜。但小波变换将一维信号分解成时间尺度域而不是严格意义上的时间频率域，不能提供直观的时频特性，且选取不同的小波函数对分析结果影响较大，因此小波变换在微震信号时频分析中存在局限性。

4.1.1　常用频率分析方法

1.快速傅里叶变换

对于时域到频域的信号转换，常用的工具为傅里叶变换(Fourier Transform，FT)，其计算公式为

$$H(f)=\int_{-\infty}^{+\infty}h(t)\mathrm{e}^{-i2\pi ft}\mathrm{d}t \tag{4.1}$$

式中，t，f 分别表示时间和频率；$h(t)$ 为时域分析信号；$H(f)$ 为傅里叶变换频谱。

对于离散信号，傅里叶变换的表达式为

$$H\left[\frac{n}{NT}\right]=\frac{1}{N}\sum_{k=0}^{N-1}h[kT]\mathrm{e}^{-\frac{i2\pi nk}{N}} \tag{4.2}$$

式中，$k=0,1,\cdots,N-1$，为离散信号的时间点；N 为离散信号点长度；T 为采样时间间隔。

从式(4.2)可以看出，对于 N 很大的离散信号而言，其计算量非常大。

1965 年，Cooley 和 Tukey 巧妙地利用式(4.2)中 $\mathrm{e}^{\frac{i2\pi nk}{N}}$ 的对称性和周期性，构造了 DFT 的快速算法，即 FFT[286]。

为了观察快速傅里叶变换对非平稳信号的变换能力，构建了一维人工合成非平稳信号 $h(t)$，其表达式为

$$h(t)=\begin{cases}\cos(2\pi\cdot5\cdot t) & 0\leqslant t\leqslant1\\ \cos(2\pi\cdot10\cdot t) & 1>t\leqslant2\\ \cos(2\pi\cdot20\cdot t) & 2<t\leqslant2.1\\ \cos(2\pi\cdot10\cdot t) & 2.1<t\leqslant2.3\\ \cos(2\pi\cdot30\cdot t) & 2.3<t\leqslant2.4\\ \cos(2\pi\cdot10\cdot t) & 2.4<t\leqslant2.6\\ \cos(2\pi\cdot40\cdot t) & 2.6<t\leqslant2.7\\ \cos(2\pi\cdot10\cdot t) & 2.7<t\leqslant3\end{cases} \tag{4.3}$$

设置 $h(t)$ 离散信号采样频率为 100Hz，从式(4.3)可以看出，$h(t)$ 包含 5 个频

段，在 0～1s 为 5Hz，1～2s、2.1～2.3s、2.4～2.6s、2.7～3s 为 10Hz，2～2.1s 为 20Hz，2.3～2.4s 为 30Hz，2.6～2.7s 为 40Hz。$h(t)$ 时域波形如图 4.1 所示。

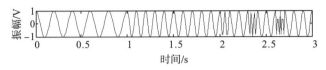

图 4.1   人工合成一维非稳定信号 $h(t)$

对 $h(t)$ 进行快速傅里叶变换转换，得到 $h(t)$ 频谱如图 4.2 所示。从图 4.2 中可以看出，快速傅里叶变换能在频域内检验出 5Hz 和 10Hz，但不能识别 20Hz、30Hz 和 40Hz 频率成分，这主要是因为 $h(t)$ 中 5Hz 和 10Hz 频率成分分布的时段较长，能量分布较多，反映了快速傅里叶变换在非平稳信号分析中的缺陷，对于声发射/微震信号而言，快速傅里叶变换并不能求得信号能量的准确频率分布。另外，快速傅里叶变换不能提供各频率成分的时间信息，无法表述信号频率成分随时间的变化规律。

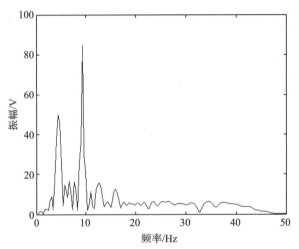

图 4.2   人工合成信号 $h(t)$ FFT 转换结果

2.短时傅里叶变换

短时傅里叶变换由傅里叶变换演变而来，能体现信号频率特征随时间的变化规律，是加窗的傅里叶变换。短时傅里叶变换将时域信号加时间窗，假设在窗内信号是平稳的，并在时窗内做傅里叶变换，通过时窗在时间轴上滑动而得到信号的时频谱。短时傅里叶变换通过信号与窗函数 $g(t)$ 的内积实现，可用式 (4.4) 表示：

$$\text{STFT}(\tau, f) = \int_{-\infty}^{+\infty} x(t) g(t-\tau)\, e^{-2\pi i f t}\, dt \tag{4.4}$$

式中，$x(t)$ 表示原始信号；τ 和 f 分别表示时间和频率。

短时傅里叶变换逆变换为

$$x(t) = \int_{-\infty}^{+\infty} \int_{-\infty}^{+\infty} \text{STFT}(\tau, f) g(t - \tau) \, \text{e}^{2\pi i f t} \, \text{d}\tau \text{d}f \tag{4.5}$$

对于监测系统采集到的离散微震信号，短时傅里叶变换在等时间、频率(mT, nF)间隔处进行采样，其中 T、F 为时间和频率域的采样周期，均大于零。离散信号 $x(t)$ 的短时傅里叶变换表达式为

$$\text{STFT}(mT, nF) = \sum_{k=-\infty}^{+\infty} x(k) g(kT - mT) \text{e}^{-2\pi j(nF)k} \tag{4.6}$$

其逆变换形式为

$$x(k) = \sum_{m=-\infty}^{+\infty} \sum_{n=-\infty}^{+\infty} \text{STFT}(mT, nF) g(kT - mT) \text{e}^{2\pi j(nF)k} \tag{4.7}$$

与快速傅里叶变换相比，短时傅里叶变换的优点在于，其窗口能在时间轴上平移，能提供信号不同时间点的频率信息，即能反映信号的时频特性。但在用短时傅里叶变换对信号进行分析时，仍然没有克服快速傅里叶变换分析窗口固定不变的缺陷，即分辨率在所有时间-频率格点处是相同的。对于非平稳信号，当高频信息较多时，需要有较高的时间分辨率，相反，当低频信息较多时，则需要有较高的频率分辨率，因此短时傅里叶变换在对非平稳信号的分析中存在明显不足。

利用短时傅里叶变换对人工合成信号 $h(t)$ [式(4.3)和图 4.1]进行时频转换，得到结果如图 4.3 所示。

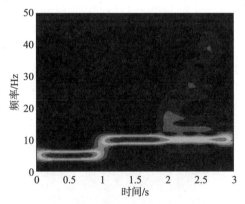

图 4.3　人工合成信号 $h(t)$ 短时傅里叶变换转换结果(N=75，α=2.5)

窗口函数采用 Gaussian 窗口函数，其表达式为

$$w(n) = \text{e}^{-\frac{1}{2}\left(\alpha \frac{n}{N/2}\right)^2} \tag{4.8}$$

其中，$-N/2 \leqslant n \leqslant N/2$，因此 $w(n)$ 为一 N 点高斯窗口；α 与高斯窗口的标准方差成反比，即 α 控制着高斯窗口的宽度，当 α 越大时，其对应的高斯窗口就越窄。

图 4.3 中采用的 Gaussian 窗口函数参数设置为 N=75，α=2.5，窗口函数如图 4.4 所示。

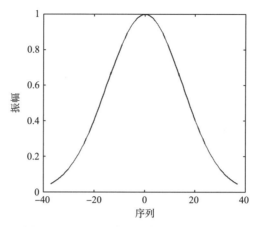

图 4.4　Gaussian 窗口函数(N=75，α=2.5)

　　从图 4.3 可以看出，采用的窗口函数能够很好地识别人工合成信号 $h(t)$中所包含的 5Hz、10Hz 频率成分，且在时间段上对应一致，但对 20Hz、30Hz 和 40Hz 高频成分不能有效地识别，这表明所选窗口函数在较低频段具有很好的分辨率，但其无法准确反映信号中包含的较高频段信息。为了识别 $h(t)$中所包含的高频信息，将式(4.8)中 Gaussian 窗口函数 α 设为 8，以减小窗宽并提高其在高频段的分辨率，对应 STFT 分解结果如图 4.5 所示，Gaussian 窗口函数如图 4.6 所示。

　　从图 4.5 可以看出，当提高窗函数在高频段的分辨率后，短时傅里叶变换对 $h(t)$所包含的高频信息实现了较为准确的识别，且时间对应一致。但缩小窗宽后，其在低频段的分辨率降低了，与图 4.3 相比，短时傅里叶变换对低频段的分解结果相对模糊。

　　图 4.3 与图 4.5 的对比分析表明，短时傅里叶变换在进行信号时频转换时，其时频分辨率是保持不变的。为了对不同特征的信号进行准确分解，就必须采用与之相适宜的窗函数，所以在一定程度上造成了使用的不便。对于微震/声发射等非平稳信号，其本身包含丰富的频率信息，短时傅里叶变换在分析信号时相同的分辨率将导致部分频率成分的缺失，造成对信号频率特征的错误理解。

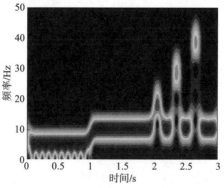

图 4.5　人工合成信号 $h(t)$短时傅里叶变换转换结果(N=75，α=8)

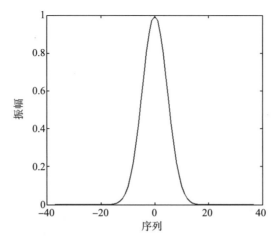

图 4.6　Gaussian 窗口函数($N=75$，$\alpha=8$)

3.小波变换

小波变换的提出是为了解决短时傅里叶变换时窗不变的局限性。与短时傅里叶变换不同，小波变换在分析信号过程中，窗口面积保持不变，但其窗函数的时间窗和频率窗的尺度形态是可以调整的。因此对于高频信号，其具有较高的时间分辨率和较低的频率分辨率；对于低频信号，其具有较高的频率分辨率和较低的时间分辨率。小波变换过程如图 4.7 所示。

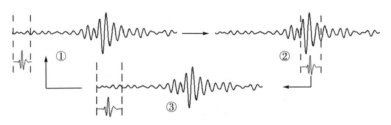

图 4.7　小波变换过程

由图 4.7 可以看出，小波变换主要有以下几个步骤：

①将小波函数与信号在开始端对齐；

②计算小波与信号在开始端的相似性，用 c 表示，c 值越高表明越相似；

③向末端移动小波函数，并计算小波与信号的相似性，求得 c；

④放大或缩小波函数，以改变其时-频分辨率，并重复②③步骤；

⑤重复②③④步骤。

连续小波变换(Continuous Wavelet Transform，CWT)的定义为

$$\mathrm{CWT}(a,b) = \frac{1}{\sqrt{a}} \int_{-\infty}^{+\infty} h(t) w\left(\frac{t-b}{a}\right) \mathrm{d}t \tag{4.9}$$

式中，a 为尺度因子，b 为时移因子，且 $a \neq 0$，$b \neq 0$；$w(t)$ 为母小波；$h(t)$ 为时域信号。

对于离散信号变换（Discrete Wavelet Transform，DWT），时频面内采用非均匀采样，其采样网格定义为

$$(t,a) = (n t_0 a_0 - m, a_0^{-m}) \tag{4.10}$$

其中，$t_0 > 0$，$a_0 > 0$，且 m，$n \in Z$，于是 DWT 定义为

$$\mathrm{DWT}(n,m,\varphi) = a_0^{m/2} \int_{-\infty}^{+\infty} h(t)\varphi(a_0^{m/2} t - n t_0)\mathrm{d}t \tag{4.11}$$

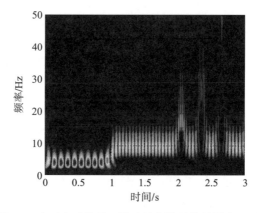

图 4.8　人工合成信号 $h(t)$ 小波变换转换结果（gaus5）

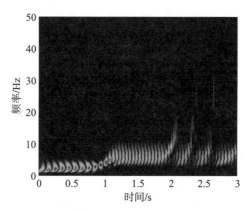

图 4.9　人工合成信号 $h(t)$ 小波变换转换结果（gaus10）

利用小波变换对人工合成信号 $h(t)$［式(4.3)，图 4.1］进行时频转换，并将其进行尺度到频率的转换，得到结果如图 4.8 和图 4.9 所示，其中母小波分别采用 gaus5 与 db10 小波函数。从图 4.8 和图 4.9 可以看出，对于 20Hz、30Hz 和 40Hz 的高频成分，两个小波函数均不能进行有效的识别，表明对于人工合成信号 $h(t)$，此次分解未能选择合适的小波函数；另外可以看出，同一信号用不同的小波函数进行分析会产生不同的结果，且分析结果之间差异较大。因此对于信号时频分析，小波变换存在如下缺陷：

（1）对于频率未知的待分析信号，难以选择合适的小波函数对其进行分析。而从图 4.8 和图 4.9 来看，不同的小波对同一信号的分析结果相差较大，因此不可避免地造成频率成分的遗失，从而导致分析结果的不准确。

（2）小波函数对信号的分析是建立在时间-尺度域内，并不是严格意义上的时频域，因此分析结果并不是真正意义上的时频谱。

4.S 变换

S 变换是地球物理学家 Stockwell 于 1996 年提出的一种时频分析方法[287]，是连续小波变换的"相位校正"。在 S 变换中，其基本小波由简谐波与高斯函数的乘积构成，在时间域内，简谐波可以作伸缩变换，而高斯函数则进行伸缩和平移。因此，S 变换综合了短时傅里叶变换和连续小波变换的优点，能根据频率的变化自适应地调整分析时宽，同时 S 变换分析结果中包含相位信息，能提供直观的时间频率特征，且无须选择窗口函数[285,287]。S 变换的上述优点使其在信号的时频分析方面得到了广泛的应用。

S 变换的定义为[287]

$$S(\tau, f) = \int_{-\infty}^{\infty} h(t) \frac{|f|}{\sqrt{2\pi}} e^{-\frac{(\tau-t)^2 f^2}{2}} e^{-i2\pi ft} dt \qquad (4.12)$$

式中，τ 表示时间，代表窗口函数在信号时间轴上的位置；$h(t)$ 表示分析信号；f 表示频率；$S(\tau, f)$ 表示 S 变换时频谱复数矩阵。

S 变换母小波定义为

$$w(t, f) = \frac{|f|}{\sqrt{2\pi}} e^{-\frac{t^2 f^2}{2}} e^{-i2\pi ft} \qquad (4.13)$$

对 $S(\tau, f)$ 进行时间范围内的积分得到傅里叶变换频谱：

$$H(f) = \int_{-\infty}^{\infty} S(\tau, f) d\tau \qquad (4.14)$$

进行傅里叶逆变换即得原始信号 $h(t)$，因此 S 变换的逆变换（IST）可表示为

$$h(t) = \int_{-\infty}^{\infty} \left[\int_{-\infty}^{\infty} s(\tau, f) d\tau \right] e^{i2\pi ft} df \qquad (4.15)$$

S 变换可以写成傅里叶频谱 $H(f)$ 的形式：

$$S(\tau, f) = \int_{-\infty}^{\infty} H(\alpha + f) e^{-\frac{2\pi^2 \alpha^2}{f^2}} e^{i2\pi\alpha\tau} d\alpha \ (f \neq 0) \qquad (4.16)$$

对于离散信号，根据式（4.12），令 $f = n/NT$，$\tau = jT$，最终离散信号的 S 变换可以表示为

$$S\left(jT, \frac{n}{NT}\right) = \sum_{m=0}^{N-1} H\left[\frac{m+n}{NT}\right] e^{-\frac{2\pi^2 m^2 \alpha^2}{n^2}} e^{\frac{i2\pi mj}{N}} \ (n \neq 0) \qquad (4.17)$$

图 4.10 展示了人工合成信号 $h(t)$［式（4.3）和图 4.1］的 S 变换分析结果。从图 4.10 中可以看出，与上述各类分析方法相比，S 变换能较为准确地分解出 $h(t)$

中包含的各频率成分,且在时间上对应一致,表明 S 变换在非平稳信号的分析中
具有较高的准确度。同时在 S 变换的使用中,无须选择窗口函数,另外 S 变换的
变换结果为直观的时频谱,使得运用 S 变换进行批量化的分析处理变得尤为方便。
图 4.11 为微震信号的 S 逆变换前后波形及其误差。可以看出,逆变换波形与原波
形之间失真极小,表明 S 逆变换具有无损可逆性。

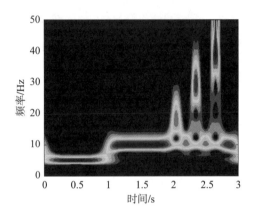

图 4.10　人工合成信号 $h(t)$ S 变换转换结果

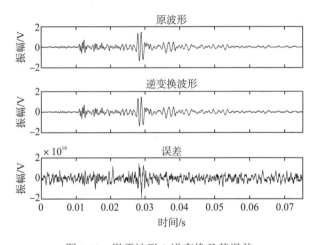

图 4.11　微震波形 S 逆变换及其误差

图 4.12 展示了一典型微震信号的 S 变换时频域转化结果。图 4.12b 为其时频
谱,可以看出,信号能量主要分布在 4 个时频区域,通过测量 4 个区域的时间和
频率宽度可以对信号的时频特征进行定量化分析。图 4.12c 为信号时频谱的立体
展示,使得其时频特征更为直观。

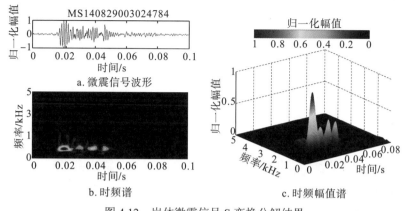

图 4.12   岩体微震信号 S 变换分解结果

4.1.2   基于 S 变换的微震信号时频域内分解

岩体破坏是其内部微裂纹的萌生、扩展、最终贯通的过程,岩体内部破裂多是由微裂纹的连续破坏形成的,并诱导周围岩体出现新的破裂,因此监测系统拾取的波形通常由多个岩石微破裂信号以及各种干扰信号组成,其表达式为

$$h(x) = \sum h_i(x) + h(\text{noise}) \tag{4.18}$$

其中,$h(x)$ 为时域微震信号;$h_i(x)$ 为波形中包含的微破裂信号;$h(\text{noise})$ 为施工、电流等导致的各种噪声信号。

岩石破裂过程中,不同的破裂过程往往在信号特征上表现出其独特的时间、频率、振幅特征。在时域内,传播过程中的衰减、多个波形的重叠和前后叠加,使得在时域内很难分辨波形中包含的多个破裂信息,从而导致破裂信息的遗漏;另一方面,在微震监测中,系统将一定长度内的波形记录为一个微震事件,而忽略了包含在其中的丰富微破裂信息。而对于 S 变换线性变换而言,其能将叠加信号在时频域内线性表示,即对于叠加信号 $x(t) = ax_1(t) + bx_2(t)$,在 S 变换时频分解后有 $P(t, f) = aP_1(t, f) + bP_2(t, f)$。因此通过 S 变换时频谱能清晰地看出包含在微震信号中的丰富破裂信息。

图 4.13 展示了两个拾取信号叠加后的信号 S 变换分解实验。当对信号进行首尾相接后,其波形及其 ST 时频谱如图 4.13a 所示,可以看出,前后叠加的信号在时域内区分明显,均表现出明显的典型微震信号特征,进行 S 变换处理后,其时频谱能在两个信号对应的时段分别进行时频分解,两个信号在时频域内依然能够很好地被分解开来。将两个信号开始端对齐,使两个信号重叠,再进行 S 变换分解,其波形及其 S 变换时频谱如图 4.13b 所示。可以看出,重叠后的两个波形在时域内已不具备典型微震信号的特征,在肉眼识别时极易造成误判,但在时频域内,S 变换依然能将两个叠加信号在时频域内区分开来,未产生交叉项,各信号成分的时频特征与叠加前保持一致。上述分析表明,信号在时频域内比时域内更

具稳定性，这使得在时频域内能够清晰地看出包含在叠加信号中的破裂信息，从而避免了破裂信息的遗漏。

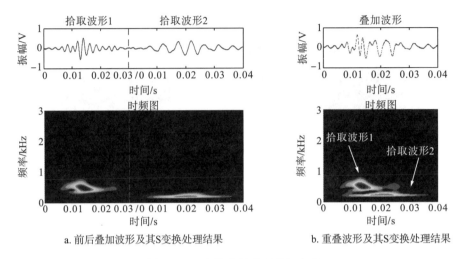

a. 前后叠加波形及其S变换处理结果   b. 重叠波形及其S变换处理结果

图 4.13   S 变换信号处理叠加实验

　　基于以上研究，本章提出一种基于 S 变换的微震信号时频域分解方法，其能根据 S 变换时频谱中所包含的时频信息进行主要时频成分的识别与圈定，然后进行逆变换，从而得到其时域波形信息，其流程如图 4.14 所示。运用该流程对图 4.13b 中重叠信号进行分解，得到两个重叠微破裂信号如图 4.15 所示。可以看出，运用图 4.14 流程所示方法，所得两个信号与图 4.13a 相比高度一致，表明该方法能对信号中所含破裂信息进行有效还原。

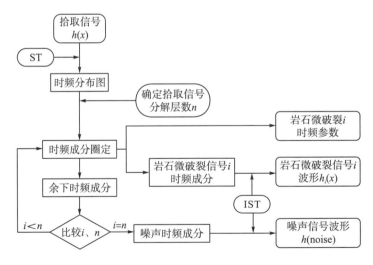

图 4.14   微震波形分解方法流程图

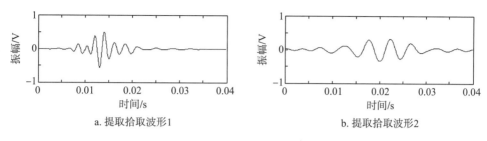

a. 提取拾取波形1　　　　　　　　　　　　b. 提取拾取波形2

图 4.15　重叠信号 S 变换分解

　　图 4.14 所示流程除对微震信号中所包含的破裂成分还原以外，也旨在获取各破裂信息的时频参数，以图 4.13b 中叠加信号时频谱为例，微震信号时频参数示意如图 4.16 所示。从图 4.16 可以看出，信号的频率特征主要体现在主频与中心频率参数上，其中主频为高幅值波形对应时频成分的频率分布范围，而中心频率则表征该时频成分的中心，持续时间为时频成分在时间轴上的分布范围。图 4.16 中时频图显示了多个明显的时频成分，而不同的时段与频段对应不同的声发射源[288]，因此图中微震事件包含了多个岩石微破裂过程，为多震型微震信号。

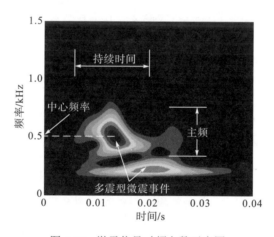

图 4.16　微震信号时频参数示意图

4.2　基于频率特征的微震信号识别模型

　　对于微震数据的处理而言，在监测系统接收到数据以后，首要任务是进行各类信号的分类识别，以便对微震事件数据做进一步分析，因此微震信号的准确识别对微震监测数据的处理与分析十分重要。在实际监测过程中，监测系统拾取到微震数据后，往往通过经验手动对监测波形进行分类。一方面由于现场施工复杂，震源种类繁多，而信号在介质中的传播又不可避免地改变波形原有的特征形态，因此容易造成人工的误判；另一方面，施工期间岩体扰动频繁，在系统的不间断监测过程中将产生大量的数据，这无疑在人工的波形识别中形成巨大的数据量。因此需要一种手段能够在波形识别中减少人工识别工作量的同时，增加识别的准确性。

在前一节分析的基础上，本节提出利用信号的频率特征建立微震信号识别模型。单一的频率特征具有以下优势：

（1）频率特征为较直接的波形参数，在频域内可以直接求得，无须通过人工处理，避免了人为误差；

（2）与其他波形参数相比，频率特征更具有本征性与唯一性，且较稳定；

（3）采用前文所述的 S 变换对信号进行时频域转换，S 变换是一种线性变换，其能将信号中的叠加信号作分别分解，很好地揭示了时域波形中所包含的频率信息。

在现场微震监测中，系统监测到的微震信号主要有岩石破裂、爆破振动、机械震动与噪声干扰 3 种。其中机械震动与噪声干扰信号与其他两类信号相比具有明显的波形特征，在人工处理过程中具有较高的识别率，而爆破振动信号在传播过程中的衰减以及施工等其他干扰使得传感器拾取到的爆破信号与岩石破裂信号具有较高的相似性，因此将这两类波形区分开来是波形识别的主要任务。

本节利用 S 变换时频分析技术，对比分析爆破振动和岩石破裂微震信号的能量频带分布特征，并将其作为输入参数，构建基于遗传算法优化的 BP 神经网络识别模型，实现上述两种信号的准确识别，为现场微震监测的波形识别模型的建立提供参考，以减轻人工识别的工作量。

4.2.1 岩石破裂与爆破振动信号频率特征分析

选取现场典型岩石破裂和爆破振动微震信号，通过上述 S 变换时频分析技术得到其时频谱，研究两种信号能量随时间、频率的分布特征。两种典型信号时域波形及其时频谱分别如图 4.17 和图 4.18 所示。

从图 4.17 和图 4.18 可以看出，现场监测到的两类波形均为多震型微震事件，但与岩石破裂信号相比，爆破振动微震信号频率成分更加复杂。从两类信号能量分布频段来看，爆破振动信号主要分布在 500～1000Hz 较高频率范围内，而岩石

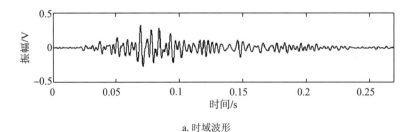

a. 时域波形

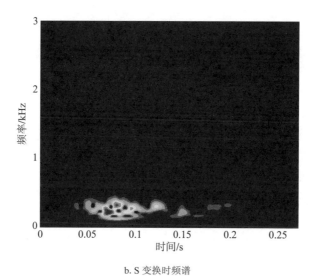

b. S 变换时频谱

图 4.17　典型岩石破裂微震信号时域波形及其 S 变换时频谱

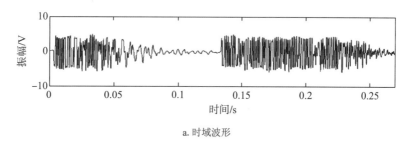

a. 时域波形

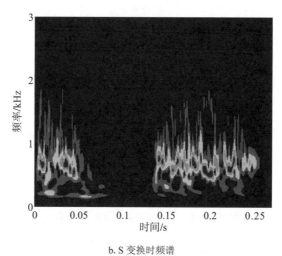

b. S 变换时频谱

图 4.18　典型爆破振动微震信号时域波形及其 S 变换时频谱

破裂信号则集中在 0~500Hz 频率内。从时频成分的持续时间上来看，各频率成分持续时间均较短，为 4~7ms，表现出持续时间短、突变快的特点[289]，而岩石破裂信号来源于岩体内部微裂纹的萌生、发展、贯通，其过程相对缓慢，图中各频率成分的持续时间为 6~10ms。

从上述分析可以看出，岩石破裂与爆破振动信号在频率特征上差异明显，因此可以利用 S 逆变换对信号进行各频段的信号重构，以实现对信号频率特征的精确量化研究。从图 4.17 和图 4.18 可以看出，两类微震信号能量基本分布在 0~3000Hz 内，因此确定信号各频段构建方式为：在 0~3000Hz 内将每 200Hz 设置为一个频带，序号为 1~15，3000Hz 以上的频段单独作为第 16 子频带。图 4.17 和图 4.18 中两类信号 1~3 子频带重构信号如图 4.19 所示。

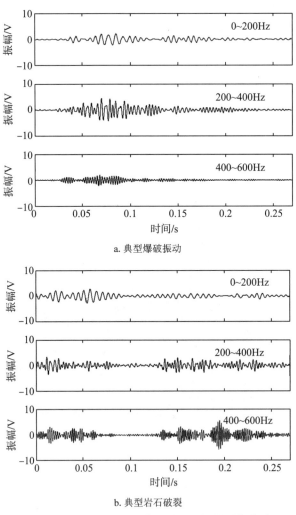

a. 典型爆破振动

b. 典型岩石破裂

图 4.19　典型爆破振动信号不同子频带重构信号

对于监测系统采集到的时域离散信号，其总能量可以通过式 (4.19) 计算：

$$E = \int_T h^2(t)\mathrm{d}t = \sum_{k=1}^{n} x_k^2 \tag{4.19}$$

其中，$h(t)$ 为时域信号；x_k 为离散信号各采样点幅值；n 为离散信号离散点数。

任意频带重构信号的能量为

$$E_{[f_1, f_2]} = \int_T h^2_{[f_1, f_2]}(t)\mathrm{d}t = \sum_{k=1}^{n} x^2_{[f_1, f_2],k} \tag{4.20}$$

式中，$[f_1, f_2]$ 为频带分布范围。

因此指定频带信号所占能量百分比为

$$P_{[f_1, f_2]} = \frac{E_{[f_1, f_2]}}{E} \times 100\% \tag{4.21}$$

利用式 (4.19)～式 (4.21) 所述思想与统计的信号频率信息，可将信号的频率特征准确量化为一十六维向量，表 4.1 与图 4.20 展示了图 4.17 和图 4.18 所示两类信号不同频带的信号能量分布比例。可以看出，两类信号能量在频带分布上表现出

表 4.1　不同频带内微震信号能量分布比例

子频带序号		1	2	3	4	5	6	7	8
比例/%	岩石破裂	26.4	73.0	0.7	9.7×10^{-3}	6.6×10^{-3}	1.6×10^{-3}	8.0×10^{-4}	3.0×10^{-4}
	爆破振动	8.8	14.4	21.8	42.6	6.9	2.6	1.1	0.7
子频带序号		9	10	11	12	13	14	15	16
比例/%	岩石破裂	9.9×10^{-5}	2.9×10^{-5}	2.0×10^{-5}	1.6×10^{-5}	1.1×10^{-5}	9.7×10^{-6}	8.4×10^{-6}	5.7×10^{-5}
	爆破振动	0.6	0.2	3.9×10^{-2}	1.6×10^{-2}	2×10^{-3}	4×10^{-4}	1×10^{-4}	3×10^{-4}

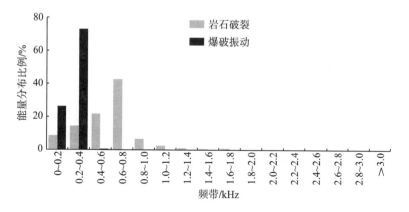

图 4.20　两类信号频带能量分布

明显的差异，爆破振动信号能量在较高频带分布明显，主要分布在 0～1400Hz 频带范围内(＞1%)，所占总能量比例为 98.2%，其中 600～800Hz 频带所占比例最高，为 42.6%。岩石破裂信号能量主要分布在 0～400Hz(＞1%)，所占比例为 99.4%，能量在 200～400Hz 频带分布比例最高，达 73%。上述分析表明，本节所用的子频带的构建方式是合理的，能体现出两类信号能量的频带分布差异，同时利用频带能量分布比例可以实现信号频率特征的准确量化。

4.2.2　基于 GA-BP 神经网络的信号识别模型

1.BP 神经网络

人工神经网络(Artificial Neural Networks，ANN)是一种模仿动物生物神经行为特征进行信息处理的人工智能技术[290]，它具有自适应、自组织、自学习的能力，同时具备高度的非线性映射性、泛化性和容错性的特点。BP(Back Propagation)神经网络是神经网络的一种，是 Rumelhart 等于 1986 年提出来的一种多层前馈神经网络，其特点是信号向前传递，误差反向传递[291]。

BP 神经网络拓扑结构与学习过程如图 4.21 所示，信号的输入参数经隐含层节点传递到输出层，经输出层处理后得到输出结果，再与期望输出相比较，将误差向前传递，不断调整神经网络阈值和权值，使得输出结果不断逼近期望输出。

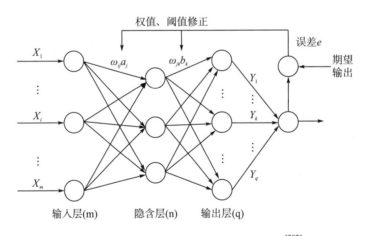

图 4.21　BP 神经网络拓扑结构及学习过程[292]

因此，BP 神经网络算法包括两个部分：信号的向前传播和误差的反向传播。在向前传播过程中，隐含层第 j 个节点输入 Input_j 为

$$\text{Input}_j = \sum_{i=1}^{m} \omega_{ij} x_i + a_j \tag{4.22}$$

经过隐含层节点函数处理后，隐含层第 j 节点输出 Output_j 为

$$\text{Output}_j = \phi(\text{Input}_j)\phi\left(\sum_{i=1}^{m} \omega_{ij} x_i + a_j\right) \tag{4.23}$$

其中，ϕ 为隐含层节点函数。

输出层第 k 个节点输入 Input_k 为

$$\text{Input}_k = \sum_{j=1}^{n} \omega_{jk}\text{Output}_j + b_k = \sum_{j=1}^{n} \omega_{jk}\phi(\sum_{i=1}^{m} \omega_{ij} x_i + a_j) + b_k \tag{4.24}$$

经过输出层节点函数 ψ 处理后，第 k 个节点输出为 Output_k 为

$$\text{Output}_k = \psi(\text{Input}_k) = \psi\left[\sum_{j=1}^{n} \omega_{jk}\phi\left(\sum_{i=1}^{m} \omega_{ij} x_i + a_j\right) + b_k\right] \tag{4.25}$$

在误差向后传播过程中，对 P 个训练样本其总误差定义为

$$E = \frac{1}{2}\sum_{p=1}^{P}\sum_{k=1}^{q}(T_k^p - \text{Output}_k^p)^2 \tag{4.26}$$

其中，T_k^p 为期望输出，则隐含层权值调整公式为

$$\Delta\omega_{ij} = -\eta\frac{\partial E}{\partial \omega_{ij}} = -\eta\frac{\partial E}{\partial \text{Input}_j}\frac{\partial \text{Input}_j}{\partial \omega_{ij}} = -\eta\frac{\partial E}{\partial \text{Output}_j}\frac{\partial \text{Output}_j}{\partial \text{Input}_j}\frac{\partial \text{Input}_j}{\partial \omega_{ij}} \tag{4.27}$$

式中，η 为学习效率。

同理，输出层权值调整公式为

$$\Delta\omega_{ij} = -\eta\frac{\partial E}{\partial \omega_{jk}} = -\eta\frac{\partial E}{\partial \text{Input}_k}\frac{\partial \text{Input}_k}{\partial \omega_{jk}} = -\eta\frac{\partial E}{\partial \text{Output}_k}\frac{\partial \text{Output}_k}{\partial \text{Input}_k}\frac{\partial \text{Input}_k}{\partial \omega_{jk}} \tag{4.28}$$

隐含层阈值调整公式为

$$\Delta a_j = -\eta\frac{\partial E}{\partial a_j} = -\eta\frac{\partial E}{\partial \text{Input}_j}\frac{\partial \text{Input}_j}{\partial a_j} = -\eta\frac{\partial E}{\partial \text{Output}_j}\frac{\partial \text{Output}_j}{\partial \text{Input}_j}\frac{\partial \text{Input}_j}{\partial a_j} \tag{4.29}$$

输出层阈值调整公式为

$$\Delta b_k = -\eta\frac{\partial E}{\partial b_k} = -\eta\frac{\partial E}{\partial \text{Input}_k}\frac{\partial \text{Input}_k}{\partial b_k} = -\eta\frac{\partial E}{\partial \text{Output}_k}\frac{\partial \text{Output}_k}{\partial \text{Input}_k}\frac{\partial \text{Input}_k}{\partial b_k} \tag{4.30}$$

而

$$\frac{\partial E}{\partial \text{Output}_k} = -\sum_{p=1}^{P}\sum_{k=1}^{q}(T_k^p - \text{Output}_k^p)^2 \tag{4.31}$$

$$\frac{\partial \text{Input}_k}{\partial \omega_{jk}} = \text{Output}_j\,; \quad \frac{\partial \text{Input}_k}{\partial \omega_{ij}} = x_i\,; \quad \frac{\partial \text{Input}_k}{\partial b_k} = 1\,; \quad \frac{\partial \text{Input}_k}{\partial a_j} = 1 \tag{4.32}$$

$$\frac{\partial E}{\partial \text{Output}_j} = -\sum_{p=1}^{P}\sum_{k=1}^{q}(T_k^p - \text{Output}_k^p)^2\psi(\text{Input}_k)\omega_{jk} \tag{4.33}$$

$$\frac{\partial \text{Output}_j}{\partial \text{Input}_j} = \phi'(\text{Input}_j) \tag{4.34}$$

$$\frac{\partial \text{Output}_k}{\partial \text{Input}_k} = \psi'(\text{Input}_k) \tag{4.35}$$

因此各权值、阈值调整公式可以简化为

$$\Delta \omega_{ij} = \eta \sum_{p=1}^{P} \sum_{k=1}^{q} (T_k^p - \text{Output}_k^p) \psi'(\text{Input}_k) \omega_{jk} \phi'(\text{Input}_j) x_i \tag{4.36}$$

$$\Delta \omega_{jk} = \eta \sum_{p=1}^{P} \sum_{k=1}^{q} (T_k^p - \text{Output}^p{}_k) \psi'(\text{Input}_k) \text{Output}_j \tag{4.37}$$

$$\Delta a_j = \eta \sum_{p=1}^{P} \sum_{k=1}^{q} (T_k^p - \text{Output}^p{}_k) \psi'(\text{Input}_k) \omega_{jk} \phi'(\text{Input}_j) \tag{4.38}$$

$$\Delta b_k = \eta \sum_{p=1}^{P} \sum_{k=1}^{q} (T_k^p - \text{Output}_k^p) \psi'(\text{Input}_k) \tag{4.39}$$

2.GA 遗传算法

BP 神经网络算法虽然具有简单、易行、计算量小、并行计算强等优点，但仍存在学习效率低、收敛速度慢、易陷入局部极小值状态等缺陷，因此有必要利用优化算法对 BP 算法进行改进。遗传算法(genetic algorithms，GA)是由 Holland 教授于 1962 年提出的一种模拟自然界遗传和生物进化的全局优化方法，其主要包含初始化、选择、交叉、变异四个操作步骤[293]。

初始化的目的是在给定范围内产生 N 个初始个体，其中 N 为种群规模，之后遗传算法便在产生的初始化个体基础上进行优化。

选择操作指在旧种群中按照一定概率选择个体到新种群中，个体被选中的概率与其适应度值呈正相关，其中适应度为评价个体与目标相比的优化程度。在选择过程中，通过轮盘法确定进入下一步的个体，当个体适应度值越大时，被选中的概率越大，因此通过选择步骤保证了在逐次优化过程中，个体的适应度值不断增加。

交叉操作旨在增加种群的多样性，其具体操作为从种群中选取两个个体，通过其部分元素之间的交换形成两个新的个体，交叉操作示意如图 4.22 所示。在交叉步骤中，通过设定交叉概率 P_c 确定交叉的个体，对第 i 个个体取随机数 $\text{rand}_i(0 < i \leqslant N)$，当 $\text{rand}_i > P_c$ 时，选择对应个体作为交叉个体，因此交叉概率越大，个体被选择的概率就越大。

变异操作是指将选取的个体内的元素进行随机变异，以产生新的个体。变异操作示意如图 4.22 所示。与交叉操作一样，变异操作也是为了增加种群的多样性，通过设定变异概率选择被变异的个体，然后随机选取个体中的元素进行变异。

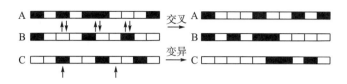

图 4.22　GA 交叉与变异示意

3.GA-BP 神经网络的构建

在 BP 神经网络训练中，其初始权值、阈值通常随机选取，在训练过程中进行调整使得输入不断接近期望值。为了克服 BP 收敛慢、容易陷入局部最优解的局限，在 BP 算法中引入 GA 算法，将 BP 训练误差作为 GA 适应度值，通过 GA 优化寻得最优权值阈值。GA-BP 神经网络构建的具体流程如图 4.23 所示，可以看出，其主要由数据构建、BP 神经网络和 GA 优化三个部分组成。

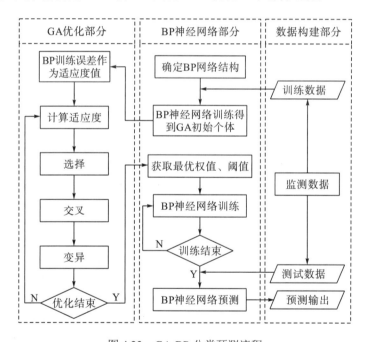

图 4.23　GA-BP 分类预测流程

数据构建部分的目的是确定 BP 神经网络的训练样本与测试数据。按照前文所讲方法提取信号的十六维频率特征向量，并将其作为 BP 神经网络输入参数。通过监测现场观察与爆破施工跟踪，确定岩石破裂信号与爆破振动信号原始资料库，在每次计算过程中，随机选取一定的数据组作为训练数据，剩余数据作为测试数据。定义岩石破裂信号为数列[1，0]，爆破振动信号为[0，1]，将 BP 预测结果进行量化。

    GA 优化部分的主要目的在于为 BP 神经网络提供最优权值、阈值。本节采用 BP 初步训练之后的权值、阈值作为 GA 的初始个体，以加快优化收敛速度进而节约模型构建时间。图 4.24 展示了上述两种 GA 初始化个体方法迭代过程曲线。可以看出，BP 训练初始化方法在第 12 步时已经达到收敛水平，而 GA 随机初始化方法达到相同的收敛水平则需要 22 步。

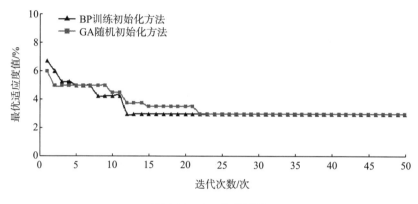

图 4.24　GA 迭代过程

    为了对比 GA 的优化效果，图 4.25 展示了 GA 优化前后的 BP 神经网络识别模型测试精度。可以看出，对于相同的 BP 神经网络结构，用 GA 对 BP 神经网络进行优化后，其测试精度得到明显提高。

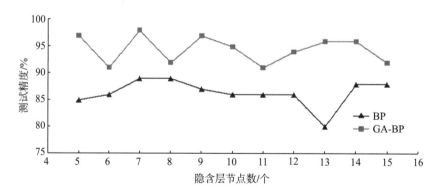

图 4.25　不同隐含层节点数 BP，GA-BP 测试精度

    神经网络部分的目的是确定合理的神经网络拓扑结构，以实现对微震事件的准确识别。需要确定的参数有网络层数，输入层、隐含层、输出层节点数，初始权值、阈值，学习率等。对于网络层数的选取，当增加网络层数时，无疑能提高预测精度，但同时也需加大计算量，增加训练时间[290]，理论上，一个 3 层的 BP 神经网络结构可以以任意精度逼近任何映射关系，因此本节采用包含一个输入层、

一个隐含层和一个输出层的 3 层神经网络结构,其中隐含层节点函数 ϕ[式(4.24)]采用正切函数 tansig,输出层节点函数 ψ[式(4.25)]选用线性函数 purelin。将信号的频率特征准确量化为十六维向量,因此 BP 神经网络结构(图 4.21)中输入层节点数 $m=16$,将预测输出的两种信号定义为二维向量,则输出层节点数 $q=2$,隐含层节点数范围通过式(4.40)确定[292]。

$$n = \sqrt{m+q} + a \tag{4.40}$$

式中,a 的取值范围为[0, 10]。

BP 神经网络中学习率 η 表示对权值、阈值的修改程度,学习率越大,则学习过程越快,训练过程就越易达到收敛,但容易使学习过程出现震荡,无法建立有效的预测模型,过小的学习率会使得学习过程速度过慢,难以收敛。研究表明[294],应根据网络规模选择学习率:对于大规模的网络结构,其学习率应该尽量取小值;反之,较大的学习率适用于小规模的网络结构。因此本节采用变学习率,其与隐含层节点数成反比,计算公式为

$$\eta = \frac{1}{\sqrt{n}} \tag{4.41}$$

因此,确定 BP 神经网络结构的关键在于确定隐含层节点数 n,在式(4.40)确定的隐含层节点数取值范围的基础上,根据图 4.23 对所有的 n 取值进行试算,根据各 n 值计算结果构建 GA-BP 神经网络模型。

4.2.3　微震信号识别模型建立及应用软件

在上述微震事件自动识别模型的基础上,通过 MATLAB 编制识别程序 WaveClassify,以针对不同工程微震事件建立相应的识别模型以及应用已建立的模型进行波形识别。WaveClassify 软件操作界面如图 4.26 所示。

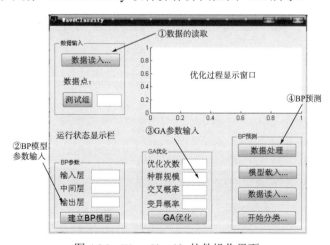

图 4.26　WaveClassify 软件操作界面

从图 4.26 可以看出，WaveClassify 软件的运行过程主要有以下四个步骤：

（1）数据的读取。点击数据读入按钮，在弹出窗口中选取 Excel 数据用于后期的模型训练与测试；数据选取完成后，软件自动计算数据中包含的事件个数，并在下方数据点处显示；可在测试组按钮旁空格处输入用于模型测试的数据个数，此时输入数字应小于数据点数，输入完成后点击"测试组"按钮，程序对输入数据进行读取。

（2）BP 模型参数输入。此处主要为 BP 神经网络中输入层、隐含层、输出层节点数的输入，用以确定 BP 神经网络结构。由前文可知，本节将信号的频率特征作为判别标准，并将信号的频率特征细化为十六维向量，因此此处输入层节点数为 16；本节通过一二维向量描述信号类别（岩石破裂微震事件与爆破振动微震事件），因此输出层节点数为 2；隐含层节点数的选取参照式(4.40)，可以通过不同隐含层节点数的试算确定最终网络结构。上述参数输入完成后，点击"建立 BP 模型"按钮，程序对输入各参数进行读取。

（3）GA 参数输入。此处待输入的参数为优化次数、种群规模、交叉概率及变异概率，输入完成后点击"GA 优化"按钮，软件通过输入参数开始 GA 优化过程，对 BP 神经网络权值阈值进行优化。

由前文可知，通过 BP 神经网络训练产生的 GA 初始权值、阈值个体相对随机初始化能有效提高测试精度与收敛速度，因此在优化过程中，程序首先通过 BP 神经网络训练初始化 GA 初始个体。在程序优化过程中，界面右上方坐标会动态显示每次优化的最佳个体适应度值。在优化完毕以后，程序将对未参与训练的测试数据进行预测，并计算其准确率，最终将 BP 神经网络模型保存在当前目录下，保存格式为".mat"。图 4.27 展示了微震事件识别模型建立的一次优化过程，可以看出，在优化过程中，种群的适应度值不断增加。优化结束后，运用优化后权值、阈值构建 BP 神经网络模型，其测试精度为 90%。

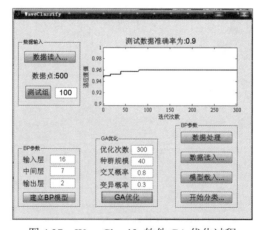

图 4.27   WaveClassify 软件 GA 优化过程

(4) BP 预测。在已建立识别模型的基础上对未知数据进行预测，通过点击"数据处理"按钮，可以对微震监测系统新采集到的事件进行处理，得到一多维频率特征向量以描述信号的频率特征。

通过"模型载入"按钮可以读取已建立的识别模型文件路径。点击"数据读入"按钮，可以在弹出对话框内选择需要预测的微震事件十六维频率特征向量 Excel 文件，在数据读入后，软件可以通过数据自动判别微震事件数量，并在状态显示栏中显示。

点击"开始分类"按钮，软件开始通过已建立的模型对未知事件进行判定。对于单个微震事件，软件在状态栏显示判定结果；对于多个微震事件，软件以 txt 格式的形式按照输入 Excel 文件中的顺序输出各事件的预判结果，保存文件名为"classifcation_result.txt"，保存路径为当前工作路径，文件中"1"代表岩石破裂微震事件，"2"代表爆破振动微震事件。

第5章 地下洞室开挖卸荷过程微震活动特征

现代高精度微震监测技术应用和推广始于 20 世纪 80 年代中期的南非和加拿大，主要是为了解决深井矿山岩爆和核废料储存洞室开挖损伤问题[122,134,157,158]。目前，国内外研究人员已经开展了针对矿山、核废料储存、油气及地热开采等工程施工条件下的微震活动响应的一系列研究，并且逐渐认识到这种响应关系及其变化发展规律对于工程岩体灾害孕育形成至关重要。与其他地下洞室相比，猴子岩水电站地下洞室具有高应力、复杂地质条件、开挖规模大、群洞效应等特点，研究其开挖强卸荷扰动下的微震活动响应必然能提升对地下工程灾害孕育过程的理解和认识。

本章首先引入主要的微震震源参数，然后系统分析地下洞室微震时空活动规律，从而揭示围岩损伤演化特征，通过探讨微震活动与施工动态、地质构造的响应关系，结合现场破坏、常规监测数据进行对比，为地下洞室围岩损伤的识别与稳定性评价提供更全面、可靠的技术支撑。

5.1 微震震源参数简介

1906 年，Reid 通过观测旧金山大地震穿过断层的观测线在地震发生前后的变化规律，提出地震起因的弹性回弹理论[295]，这成为地震学理论研究历史上的一个转折。20 世纪 80 年代开始，微震监测技术得到不断发展和应用，为进一步深入研究矿山开采或洞室开挖引起的微震活动特征，定量地震学理论被引入微震活动研究，本节主要介绍与震源破坏特征相关的几个参数，包括地震矩、地震能量、地震震级、震源半径、应力降和视应力、地震变形等。

1.地震矩

Aki 提出，将地震矩 M_0 作为衡量地震大小的一个标量[296]。作为定量描述震源特性的基本力学参数之一，地震矩是许多震源参数的计算依据。地震矩是一个与震源模型选取无关的量，可通过 P 波或 S 波频谱的远震位移谱的低频幅值 Ω_0 直接计算得到：

$$M_0 = \frac{4\pi\rho c^3 R\Omega_0}{F_c} \tag{5.1}$$

式中，ρ 表示震源的介质密度；c 表示震源处 P 波或 S 波波速；R 表示震源和传感器间的距离；F_c 表示 P 波或 S 波的辐射类型经验系数。

2.地震能量

岩体断裂滑移过程中，内部积聚的弹性能转换成非弹性能，绝大部分以机械能(岩石破裂和位移)转换为热能的形式存在于震源区，少部分以弹性波的形式向四周传播。弹性波辐射的能量即地震能量 E，地震能量是岩体微震事件强度的基本参数之一。地震能量是 P 波和 S 波能量之和，即 $E=E_p+E_s$，Gibowicz 和 Kijko 等把弹性波阵面视为半球面[297]，E_p 或 E_s 可表示为

$$E_{p,s} = 4\pi\rho c_{p,s} R^2 \frac{J_c}{F_c^2} \tag{5.2}$$

式中，J_c 表示质点运动速度的积分。

3.地震震级

地震震级是最常用的地震强度度量方式。目前，地震学领域常用的震级主要包括里氏震级[298]和矩震级[299]，常用的经验计算公式分别为

$$M_L = \lg A(\varDelta) - \lg A_0(\varDelta) \tag{5.3}$$
$$m_M = \lg M_0 - 6.0 \tag{5.4}$$

式中，M_L 表示里氏震级；m_M 表示矩震级；$A(\varDelta)$ 表示距离为 $\varDelta$ 处测得的最大振幅(mm)；A_0 表示对照地震事件的振幅。

式(5.4)表明，矩震级完全由地震矩决定，具有与震源物理关系清晰的优点，本书采用的地震震级为该经验公式计算的矩震级。图 5.1 为前人研究得到的里氏震级与地震矩、矩震级经验关系曲线[300-305]，可以看出，里氏震级和矩震级存在一定的线性联系。

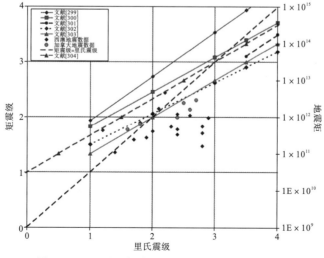

图 5.1　里氏震级与地震矩、矩震级经验关系曲线

4.震源半径

地震学中，应用最广的震源模型包括 Brune 运动模型和 Madariaga 准动态模型，两种模型均假设为圆形断层，震源半径大小与选取的震源模型密切相关。不同震源模型的震源半径计算采用的系数不同，但微震事件之间的震源半径相对值并未发生变化。Gibowicz 对地下洞室研究后发现，Madariaga 准动态模型可得到更真实的震源半径[306]，本书计算震源参数选用该模型，震源半径表达式为

$$r_0 = \frac{K_c c}{2\pi f_c} \tag{5.5}$$

式中，r_0 表示震源半径；K_c 是依赖于震源模型的常数，在断层面解不确定的情况下，K_c 往往取断裂速度为 $0.9c$ 下的平均值，即 2.01（P 波）或 1.32（S 波）；f_c 表示 P 波或 S 波角频率，可通过远震位移谱的低频幅值 Ω_0 和质点运动速度积分 J_c 计算得到。

5.应力降和视应力

应力降和视应力是用来描述震源应力水平的参数，其中，应力降包括静态应力降和动态应力降。静态应力降 $\Delta\sigma$ 指断层面初始平均剪切应力与最终平均剪切应力之差[307]，通过假设断层几何形状和区域应力降分布，即可得到静态应力降的表达式[308,309]：

$$\Delta\sigma = \frac{CM_0}{r_0^3} \tag{5.6}$$

式中，C 表示与断裂区形状有关的无量纲参数。

若采用圆形断层模型假设，静态应力降可表示为

$$\Delta\sigma = \frac{16M_0}{7r_0^3} \tag{5.7}$$

研究发现，矿山地震的静态应力降通常在 $0.001\text{MPa}\sim10\text{MPa}$，与地震的应力降接近[306,310,311]。

动态应力降 $\Delta\sigma_d$ 指断层面初始剪切应力与运动摩擦应力之差[312]，相对于静态应力降，动态应力降的研究和应用较少。动态应力降的一种计算方法是采用 S 波峰值加速度方法，其表达式为[313]

$$\Delta\sigma_d = K\rho R a_{\max} \tag{5.8}$$

式中，K 是与模型相关的常数，取值为 2.5（Brune 模型）或 2.27（Madariaga 模型）；$a_{\max}$ 表示 S 波峰值加速度。

另一种方法是根据 S 波均方根加速度测定，其表达式为[314]

$$\Delta\sigma_d = \frac{2.7\rho R}{F_c}\left(\frac{f_c}{f_{\max}}\right)a_{\text{rmx}} \tag{5.9}$$

式中，a_{rmx} 表示 S 波均方根加速度，取值介于脉冲起始与 $1/f_c$ 之间；f_{max} 表示 S 波加速度谱观测到的极限频率。

视应力 σ_A 指通过震源处应力释放水平表示的应力，其物理意义为非弹性同震变形单位体积内发射的地震能量，可表示为[315]

$$\sigma_A = \frac{\mu E}{M_0} = \eta \bar{\sigma} \qquad (5.10)$$

式中，μ 表示岩体剪切模量；$\bar{\sigma}$ 表示地震前后的平均应力；η 表示地震效率，$\eta < 1$。

研究表明，视应力可作为评估局部区域应力水平的参数，地震视应力越高，地震断层错动驱动力越大，断层错动就不容易停止，后续发生较大或更大地震的可能性越大[312,316]。从式 (5.10) 可以看出，与应力降不同，视应力是与震源模型无关的参数。Snoke 等认为，忽略 P 波影响，采用角频率和地震矩进行视应力计算，视应力与静态应力降之间存在的关系为：$\sigma_A/\Delta\sigma \leqslant 1/2$[306]。

6.地震变形

地震平均位移 $\bar{u}$ 有时也用于震源描述，以揭示震源区域地震变形特征，其计算公式为[317]

$$\bar{u} = \frac{M_0}{\mu A} \qquad (5.11)$$

式中，A 表示震源面积 $A = \pi r_0^2$。

5.2　微震时空活动演化特征

5.2.1　微震事件时间分布特征

猴子岩水电站地下厂房微震监测系统自 2013 年 4 月 12 日起运行，经过对采集数据的实时处理与分析，截至 2014 年 9 月 26 日，在有效范围内共捕捉微震事件 5264 个。图 5.2 为微震事件的时间分布特征，由图可知：①与同类大型水电地下工程相比[318,319]，猴子岩水电站地下厂房洞室群微震事件活动性较强，平均每天约 10 个，与地下厂区高地应力和复杂地质条件等密切相关。②微震事件在两个时间段比较"活跃"，分别是 2013 年 4~7 月和 2014 年 6~8 月。结合地下厂房洞室施工动态可知，2013 年 4~7 月，1~3 层排水廊道和主厂房第 IV 层等洞室均进行开挖，大规模的开挖强卸荷改变了围岩初始应力平衡状态，三维应力状态变成二维甚至一维应力状态，围岩应力调整重新分布，引起局部区域高应力集中和能量聚集，从而导致岩石微破裂产生，最终形成新的应力平衡状态[13]；2014 年 6~8 月，主变室进行二次开挖以及事故油池开挖，尽管开挖规模并不大，但对局部区域群洞扰动明显，多个洞室交叉区域出现大量微震聚集，因此微震事件在此期间活动频繁。③2013 年 8～10 月，地下厂房暂停开挖，开展增强支护措施，微震活动有所减弱，但仍有一定数量发生，表明高应力条件下地下洞室围岩具有明显的流变性。④2013 年 11 月至 2014 年 4 月，主厂房进行第Ⅴ～Ⅸ层开挖，微震活动出现波动变化，整体活动性较前期开挖有所减弱，说明随着主厂房高边墙的形成，下部开挖对围岩扰动的影响有减小的趋势。

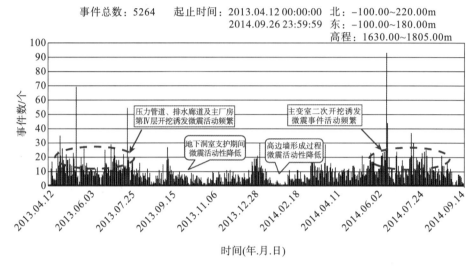

图 5.2   微震事件时间分布图

5.2.2   微震事件空间分布特征

图 5.3 为监测期间微震事件空间分布特征，其中，图 5.3a、b 中球体代表微震事件，球体颜色代表震级，球体大小代表能量。图 5.3c、d 为微震事件分布对应的密度云图，颜色越深代表聚集程度越高。从图 5.3 中可以看出，监测期间，微震事件主要聚集在主厂房 2～3#机组之间下游拱肩和边墙区域(2～3#机组之间母线洞周围区域)；另外，在 4#母线洞靠近主变室上游边墙区域，主厂房 1#、4#机组上游拱肩区域和主厂房 1#机组下游边墙区域也出现较多的微震事件聚集，导致这些区域一定程度的围岩损伤。结合地下厂区地质资料可知，主厂房 2～3#机组下游侧发育多个次级断层，围岩质量相对较差，容易出现应力集中，因此，该区域微震活动频繁，且微震事件震级高、能量大，是地下洞室开挖期间主要的围岩损伤区域。

图 5.4 和图 5.5 分别为监测期间微震事件的能量密度云图和地震变形云图，可以看出，地下厂房洞室区域能量释放和地震变形较大区域位于主厂房 2～3#机组下游边墙，与微震事件聚集揭示的主要损伤区域基本一致，表明该区域围岩损伤需重点关注。

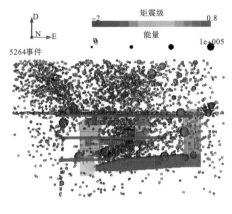

a. 微震事件空间分布正视图

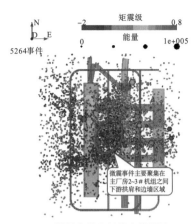

b. 微震事件空间分布俯视图

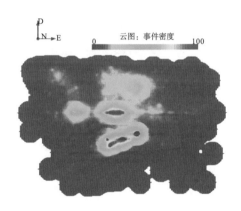

c. 微震事件空间分布密度正视云图

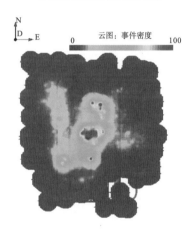

d. 微震事件空间分布密度俯视云图

图 5.3　微震事件空间分布及其密度云图

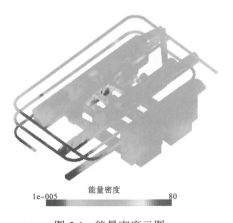

图 5.4　能量密度云图

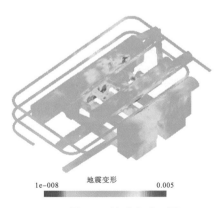

图 5.5　地震变形云图

为揭示地下厂房洞室施工期间围岩损伤的空间演化特征以及应力积累、迁移和释放规律，图 5.6 给出了 2013 年 4 月至 2014 年 9 月各月的微震事件活动空间分布。从图 5.6 中可以看出，在地下洞室不同的施工阶段，微震事件的聚集区域和聚集程度不断变化。随着地下厂房开挖高程的不断降低，微震事件的聚集高程也随之降低。2013 年 4~9 月，微震事件主要聚集在 1#机组和 4#机组上游侧以及 1~3#机组下游侧岩锚梁、拱座附近及以上区域；2013 年 10 月至 2014 年 5 月，微震事件主要在主厂房 2~3#机组下游边墙聚集；2014 年 6~9 月，微震事件聚集区域主要出现在主厂房 2~4#机组下游边墙靠近主变室上游边墙附近，高程由母线洞底板延伸至尾水连接管上方。

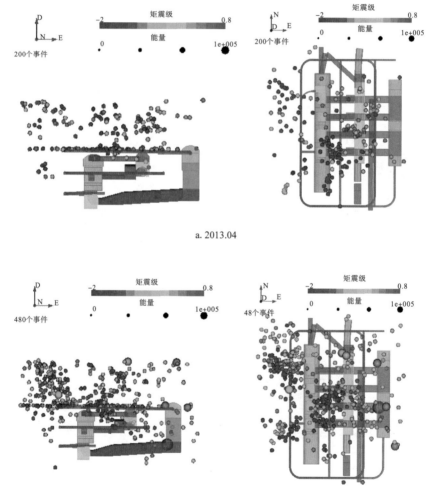

a. 2013.04

b. 2013.05

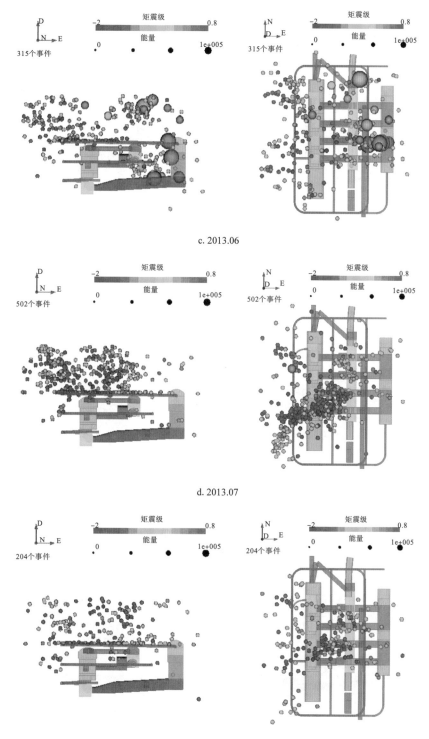

c. 2013.06

d. 2013.07

e. 2013.08

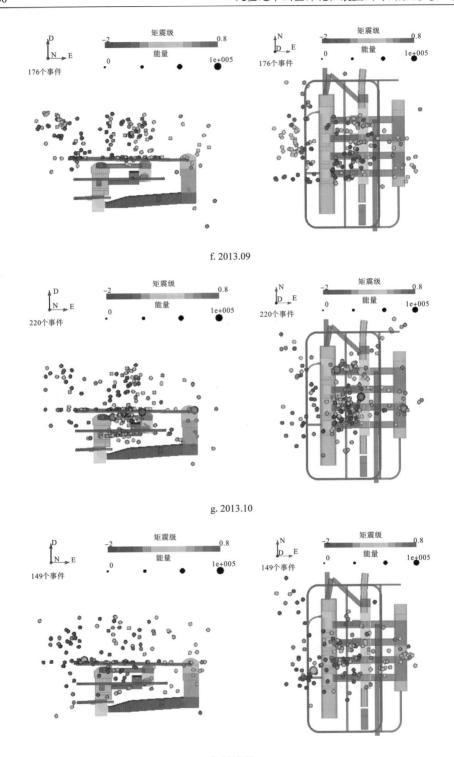

f. 2013.09

g. 2013.10

h. 2013.11

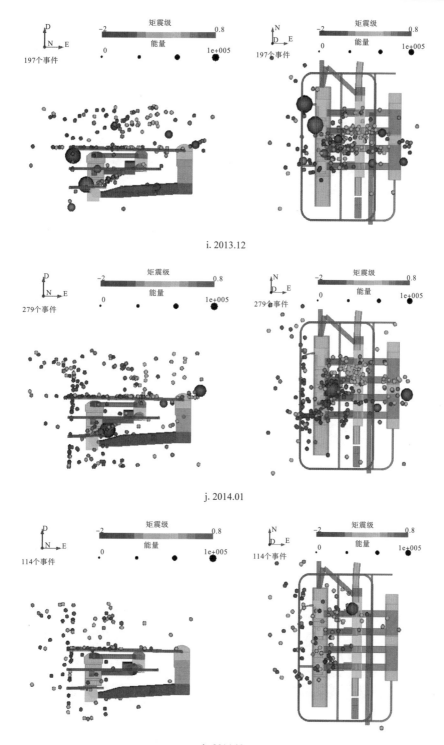

i. 2013.12

j. 2014.01

k. 2014.02

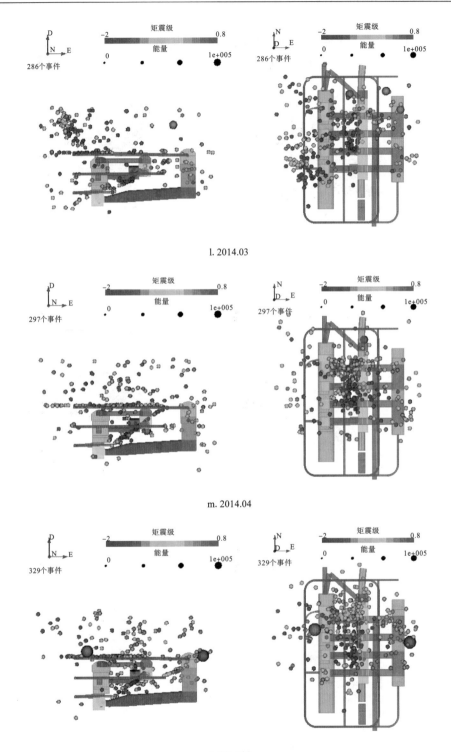

l. 2014.03

m. 2014.04

n. 2014.05

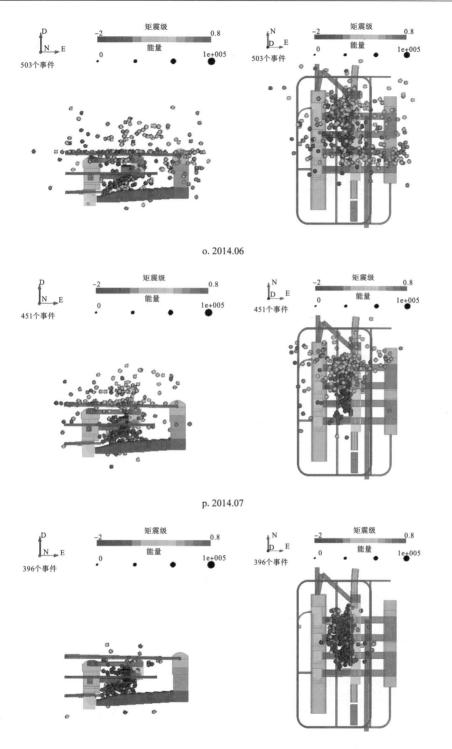

o. 2014.06

p. 2014.07

q. 2014.08

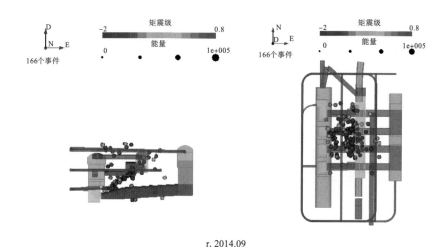

r. 2014.09

图 5.6   微震事件空间分布特征

通过分析猴子岩水电站地下洞室微震事件时空活动规律可知,微震监测能够从三维角度实时记录和再现地下洞室开挖卸荷扰动诱发的岩体内部微破裂萌生、发育、扩展、贯通直至形成宏观变形破坏过程,揭示围岩损伤演化趋势,为深入研究地下洞室失稳机理提供重要基础。

5.3   微震活动的施工响应

猴子岩水电站地下厂房微震监测系统运行以来,微震活动主要由地下厂房洞室群开挖卸荷诱发所致,而微震事件聚集除受开挖卸荷强度控制外,还受地质构造、地应力、群洞效应等因素控制。本节将结合猴子岩水电站地下厂房不同施工工况下的微震响应和聚集演化特征,分析施工动态对微震活动的影响以及微震事件聚集的控制因素,为地下厂房洞室施工组织设计提供参考。

1.主厂房第Ⅳ层和排水廊道开挖诱发的微震活动规律

2013 年 4～7 月,主厂房进行第Ⅳ层(1694～1702m)开挖,排水廊道也处于开挖阶段,如图 5.7 所示。图 5.8a、b 为 2013 年 5 月 15～19 日地下厂房微震事件空间分布,可以看出,在 5 日内出现 132 个微震事件,主要在主厂房 2～3#机组之间下游岩锚梁及拱座区域聚集。图 5.8c、d 为微震活动引起的第一层排水廊道片帮和岩锚梁开裂,结合施工资料可知,主厂房 2013 年 5 月上旬 2～3#机组第Ⅳ层下半幅开挖进度较快,该区域微震聚集主要受开挖卸荷强度控制。与此类似,2013 年 7 月 21～27 日,主厂房第Ⅳ层下半幅多次开挖强卸荷导致微震事件在主厂房 1～2#机组之间下游岩拱座区域聚集,该区域岩体出现多处裂缝(图 5.9)。可以看出,开挖卸荷强度控制的微震活动具有短时间内快速聚集的特征。

　　图 5.10 为 2013 年 7 月 5～20 日的微震事件空间分布特征，微震事件在主厂房 1#机组与安装间上游顶拱上方形成条带状分布，由于前期地质勘测资料并未在该区域发现断层或软弱结构面，因此初步判定条带状的微震聚集区域为前期研究未能揭示的断层或软弱结构面。微震事件的分布特征很好地揭示了未知地质构造的走向和延伸范围，后期可结合微震监测资料继续动态跟踪和分析。

a. 主厂房第Ⅳ层开挖

b. 第一层排水廊道开挖

图 5.7　地下厂房洞室开挖施工图

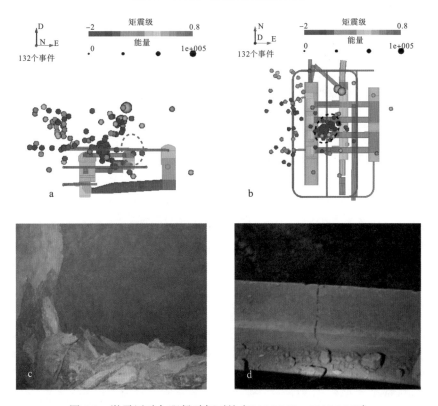

图 5.8　微震活动与现场破坏对比(2013.05.15～2013.05.19)

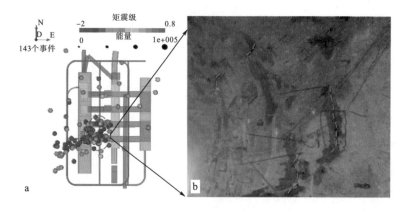

图 5.9   微震活动与现场破坏对比(2013.07.21～2013.07.27)

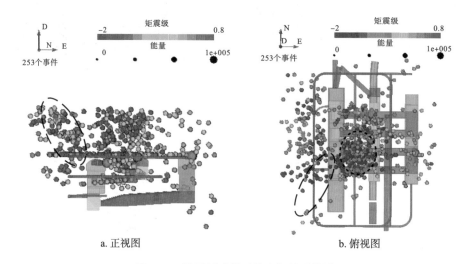

a. 正视图   b. 俯视图

图 5.10   微震活动揭示的未知地质构造

2. 地下厂房补强支护期微震活动规律

由于 2013 年 4～7 月地下洞室施工进度过快，7 月份主厂房出现拱座喷混凝土开裂、岩锚梁裂缝、边墙围岩大变形等诸多问题，为避免围岩破坏情况进一步加剧，地下厂房洞室群在 2013 年 8～10 月暂停开挖，重点针对主厂房围岩开展补强支护措施，如图 5.11 所示。图 5.12 和图 5.13 分别是地下厂房支护期间微震事件时间和空间分布图，可以看出，微震事件在支护期间活动频率有所降低，平均每天数量为 6 个左右，且呈逐渐减少的趋势，表明地下厂房支护措施的开展对抑制围岩劣化有明显效果。需要指出的是，即便在支护期间，在主厂房 1～3#机组之间下游拱座附近区域，仍然出现了一定程度的微震事件聚集，该区域也是前期开挖期间形成的主要损伤区域，反映出高应力地下厂房围岩损伤具有时效特性。

图 5.11　地下厂房现场支护照片

事件总数：600　起止时间：2013.08.01 00:00:00　　北：−100.00～220.00m
　　　　　　　　　　　　　　　2013.10.31 23:59:59　　东：−100.00～180.00m
　　　　　　　　　　　　　　　　　　　　　　　　　　　高程：1630.00～1805.00m

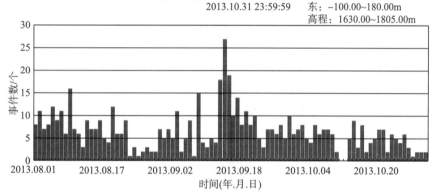

图 5.12　补强支护期间微震事件时间分布图（2013.08.01～2013.10.31）

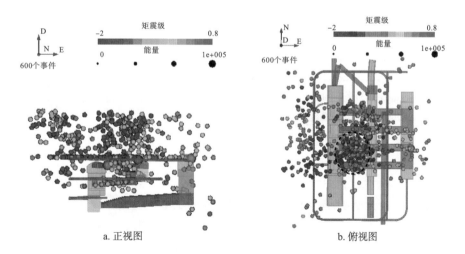

a. 正视图　　　　　　　　　　b. 俯视图

图 5.13　补强支护期间微震空间分布（2013.08.01～2013.10.31）

3.主厂房第Ⅴ～Ⅸ层开挖微震活动规律

2013 年 11 月 1 日，地下洞室群恢复开挖施工，主厂房开始第Ⅴ～Ⅶ与Ⅷ～Ⅸ层并行开挖，现场施工如图 5.14 所示，截至 2014 年 3 月 31 日，主厂房基本完成开挖。微震事件在这个时段的时间分布如图 5.15 所示，可以看出，第Ⅴ～Ⅸ层开挖期间微震事件活动频率仅在 2014 年 1 月初和 3 月底出现一定波动增加，其余时段并没有出现明显增加，表明随着主厂房高边墙的形成和前期支护措施的增加，开挖卸荷扰动大小较前几层开挖有所降低。

图 5.14　主厂房第Ⅵ层开挖照片

事件总数：1025　　　　起止时间：2013.11.01 00:00:00　　北：–100.00~220.00m
　　　　　　　　　　　　　　　　　2014.03.31 23:59:59　　东：–100.00~180.00m
　　　　　　　　　　　　　　　　　　　　　　　　　　　　高程：1630.00~1805.00m

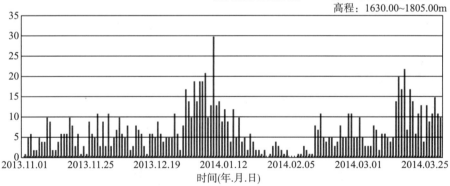

图 5.15　主厂房开挖期间微震事件时间分布图（2013.11.01～2014.03.31）

图 5.16a、b 为 2013 年 12 月 15 日至 2014 年 1 月 15 日的微震事件空间分布，可以看出，微震事件在主厂房 2～3#机组之间下游边墙形成条带状分布，且微震事件震级高、能量大。结合图 5.16c、d 地下厂房 2#机组剖面图以及 1704.9m 高程平切图发现，该区域发育多条断层，由于主厂房开挖过程中多个断层出露，断层

活动引起大量岩石微破裂产生。图 5.16e 为 2#母线洞内微震聚集引起的衬砌混凝土外观裂缝。

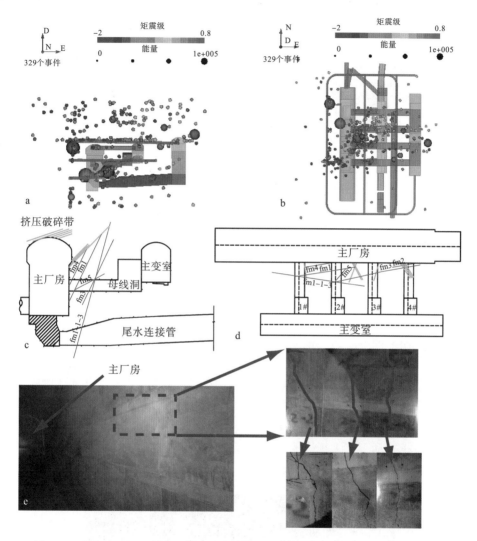

图 5.16 微震事件空间分布、地质资料和现场破坏对比(2013.12.15～2014.01.15)

图 5.17 为 2014 年 3 月微震事件的空间分布，微震事件在主厂房 1#机组与安装间上游顶拱上方形成条带状分布，该区域也是前期开挖揭示的未知地质构造区域。另外，微震事件在主厂房 2～3#机组之间下游边墙的地质构造发育区域也出现了条带状分布。因此，可以推断，即使地下洞室高边墙形成，开挖卸荷扰动也会引起地质构造区域围岩损伤进一步扩展，诱发微震事件聚集，后期施工及厂房运行过程中需对该区域围岩重点关注。

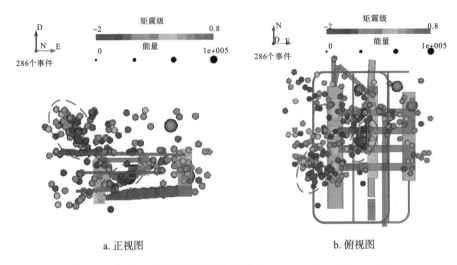

a. 正视图   b. 俯视图

图 5.17   主厂房开挖期间微震空间分布(2014.03.01～2014.03.31)

4. 主变室二次开挖微震活动规律

2014 年 4～7 月,主变室进行二次开挖,开挖高度约 1.5m,如图 5.18 所示。微震事件在 2014 年 4 月的空间分布如图 5.19 所示,由于此时主厂房附近区域围岩仍处于开挖卸荷调整期,同时,受主变室二次开挖扰动影响,微震事件在主厂房 2～4#机组之间下游边墙地质构造区域出现条带状分布,引起该区域地质构造损伤破坏。微震事件在 2014 年 6 月 20 日至 7 月 31 日的空间分布如图 5.20a、b所示,微震事件在主变室上游侧 4#母线洞下部与尾水连接管上部之间的围岩区域出现聚集,结合现场施工发现,该区域围岩周围开挖形成多个洞室,包括主厂房、4#尾水连接管、4#母线洞、主变室、事故油池,如图 5.20c 所示。因而推断,主变室二次开挖扰动下,大规模的群洞效应是该区域围岩损伤的主要控制性因素,开挖洞室及时跟进支护是限制群洞效应损伤的有效措施。

图 5.18   主变室二次开挖

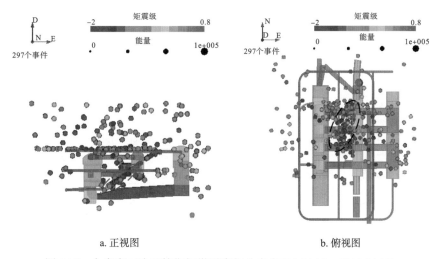

a. 正视图　　　　　　　　　　　　　　　　　b. 俯视图

图 5.19　主变室二次开挖期间微震空间分布（2014.04.01～2014.04.30）

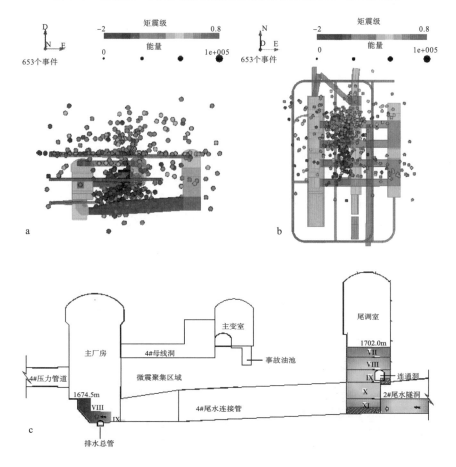

图 5.20　主变室二次开挖期间微震空间分布与洞室群施工状态对比（2014.06.20～2014.07.31）

5.4 微震活动与传统监测数据对比

猴子岩水电站地下厂房洞室传统监测以多点位移计、锚索测力计、锚杆应力计为主，辅以声波检测、钻孔摄像等物探方法，为地下厂房稳定性分析提供了多种参考依据。作为传统监测方法的补充和完善，微震监测能够实时揭示岩体内部微破裂的萌生、发育、扩展、贯通过程，在与传统监测方法对比分析得到监测结果相互印证的同时，可综合评估围岩稳定性。限于篇幅，本节主要对主厂房开挖诱发的局部区域一定时段内微震聚集与传统监测数据做对比研究，以期建立二者之间的相互联系，为现场施工提供指导。

2013 年 4 月 16 日至 5 月 20 日，主厂房第Ⅳ层开挖诱发的微震事件在 1～3# 机组下游拱肩区域聚集明显，圈定该区域微震事件聚集范围，如图 5.21 所示。该区域厂房剖面的传统监测仪器布置如图 5.22 所示，包括多点位移计、锚索测力计、锚杆应力计以及声波检测、钻孔摄像等多种监测或测试手段。

从图 5.23 中可以看出，多点位移计 $M^4_{CF}3\text{-}6$ 在 2013 年 4 月 23 日之前的 1 个半月变形增长缓慢，2013 年 4 月 23 日至 5 月 7 日变形出现了台阶式增加，与微震活动时间基本一致，孔口变形增加了约 11mm；此外，距离临空面 5～20m 围岩区域变形增加了约 7mm，表明在此期间开挖对深部围岩有较强扰动。

锚索测力计 $PR_{CF}2\text{-}3$ 监测结果显示，在 2013 年 4 月之前，锚索预应力变化较小，2013 年 4 月初到 5 月初，锚索预应力增加了近 170kN，如图 5.24 所示。与锚索应力变化特征类似，锚杆应力计 $R^{2r}_{CF}2\text{-}8$ 在 4m 处的测点应力在 2013 年 4 月之前基本平稳，2014 年 4 月初到 5 月初增长了约 120MPa，如图 5.25 所示。上述监测结果表明，地下厂房开挖卸荷扰动下，岩体应力状态发生改变，局部岩体应力水平增加，导致岩石微破裂的发生。

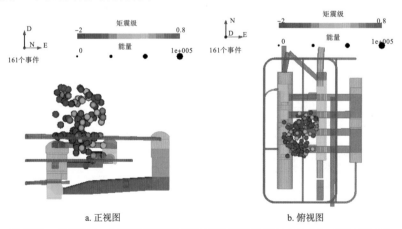

a. 正视图   b. 俯视图

图 5.21 主厂房 1～3#机组下游拱肩区域微震聚集(2013.04.16～2013.05.20)

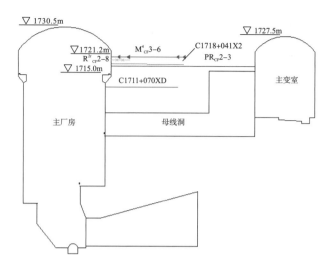

图 5.22　微震聚集区传统监测仪器布置

1.多点位移计 M^4_{CF}3-6 位于 2#机组剖面,桩号 0+51.3;2.锚索测力计 PR_{CF}2-3 和锚杆应力计 R^{2r}_{CF}2-8 位于 1#机组剖面,桩号 0+18.8;3.声波检测孔 C1718+041X2 位于 1~2#机组剖面之间,桩号 0+41.0;4.摄像孔 C1711+070XD 位于 2~3#机组剖面之间,桩号 0+70.0

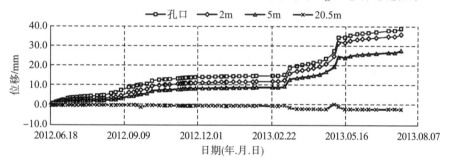

图 5.23　多点位移计 M^4_{CF}3-6 位移过程线

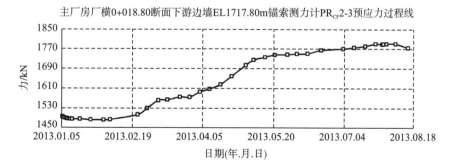

图 5.24　锚索测力计 PR_{CF}2-3 力过程线

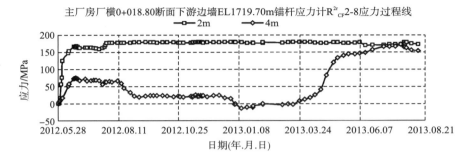

图 5.25 锚杆应力计 $R^{2r}_{CF}2\text{-}8$ 应力过程线

声波测试孔 C1718+041X2 声波曲线如图 5.26 所示，两条曲线分别代表 2013 年 4 月 28 日和 2013 年 6 月 16 测试结果。可以看出，2013 年 6 月 16 日岩体波速较 2013 年 4 月 28 日各波速段都有一定程度的降低，表明期间岩石微破裂的发育导致岩体波速不断下降。另外，2013 年 6 月 16 日的声波测试结果显示，距临空面 5m 以内区域波速仅 3～4km/s，围岩损伤严重；同时，距临空面 6～12m 以及 13～15m 岩体波速 4～5km/s，与原岩波速相比有较大程度降低，表明该区域深部岩体也出现明显损伤。

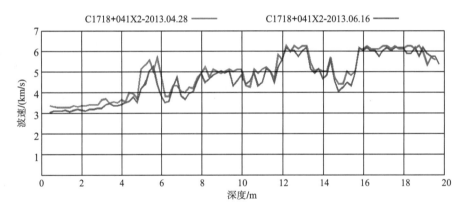

图 5.26 声波测试孔 C1718+041X2 声波曲线

2013 年 7 月 6 日，对摄像孔 C1711+070XD 全景图像进行测试，测试结果清晰地揭示了该区域岩体裂隙发育特征，如图 5.27 所示。从图 5.27 中距临空面 16m 以内的岩体裂隙情况可以看出，裂隙在 0～4m 浅层区域发育居多，在 4～14m 多个位置也出现较多的裂缝或岩体破碎，导致该区域岩体整体完整性较差。

将微震监测结果与传统监测数据进行对比分析可知，微震监测技术能够有效揭示岩体内部应力、变形和损伤破坏特征，两种监测方法结果基本一致。因此，通过深入分析微震信息，结合传统监测技术，可为现场施工提供更全面、可靠的技术支撑。

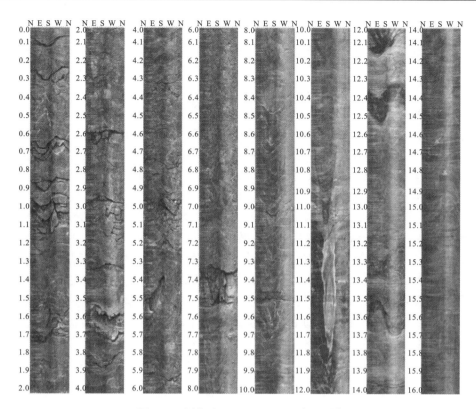

图 5.27 摄像孔 C1711+070XD 全景图像

5.5 微震聚集区震源参数特征研究

微震事件是岩体内部力学行为的显现，蕴含着丰富的震源破裂信息，这些震源参数信息有助于更好地理解岩体的破坏特征。如 5.3 节所述，猴子岩水电站地下厂房微震事件聚集可能由开挖卸荷强度、软弱结构面、群洞效应等因素控制，相应的微震事件也会表现出不同的震源参数特征，由此揭示的岩体破坏特征可为地下洞室围岩局部破坏诱因分析提供技术支撑，同时可为围岩开挖和支护方案的选取给予针对性的指导和建议。

结合猴子岩水电站地下厂房洞室群施工动态与地质资料可知，地下洞室微震事件聚集主要由开挖卸荷强度和断层控制，本节主要针对这两个因素控制作用下的微震聚集区域，研究微震事件的 E_s/E_p（S 波与 P 波能量比）、b 值参数特征，并进一步探讨微震震源破坏机制。

5.5.1　震源破坏特征参数

1.S 波与 P 波能量比(E_s/E_p)

地震学中，E_s/E_p 是反映围岩破坏机理的重要指标之一。Boatwright 和 Fletcher 研究发现，对于断层-滑移或剪切形式的地震事件，S 波能量远大于 P 波能量[320]，通常 $E_s/E_p \geqslant 10$；而对非剪切类型的破坏，如拉伸破坏、体积应力变化等诱发的事件，E_s/E_p 接近或小于 3。Cai 等分析了加拿大 AECL 地下工程实验室 URL 一定洞段的 804 个微震事件的 E_s/E_p 特征，78%的微震事件 E_s/E_p 小于 10，微震事件 E_s/E_p 揭示的岩体破坏形式与现场应力测试、破坏现象基本一致(图 5.28)[159]。Xu 等总结了锦屏一级水电站左岸边坡微震事件 E_s/E_p 特征，其中 12%的微震事件 $E_s/E_p < 3$，56%的微震事件 $E_s/E_p > 10$[194]，与数值模拟得到的边坡渐进破坏模式一致(图 5.29)。Hudyma 与 Potvin 研究了澳大利亚某矿山两个不同微震聚集区的 E_s/E_p 特征，微震事件的 E_s/E_p 表现出显著差异，其中一个微震聚集区 E_s/E_p 大于 10 的微震事件达到 70%，与已揭露断层剪切形式破坏有关；另一个微震聚集区超过 85%的微震事件 E_s/E_p 小于 10,岩石破坏以卸荷裂隙引起的拉伸形式为主(图 5.30)[143]。由此可见，岩体微震事件的 E_s/E_p 大小对震源破坏机理具有重要的参考价值。

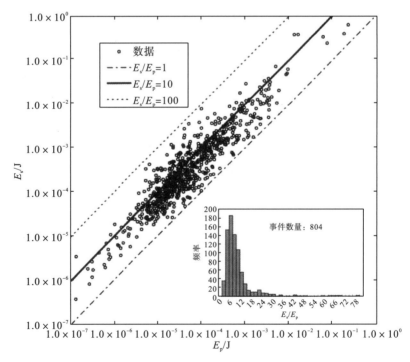

图 5.28　URL 试验隧洞微震事件 E_s/E_p 特征

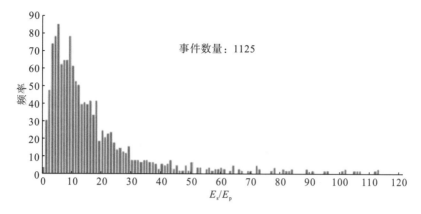

图 5.29　锦屏一级水电站左岸边坡微震事件 E_s/E_p 分布

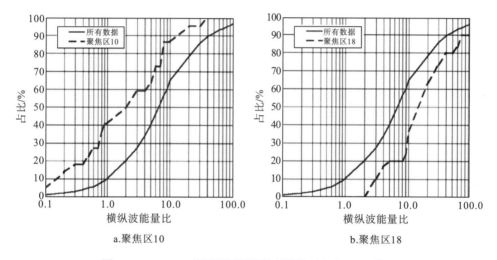

图 5.30　Big Bell 矿区不同因素控制的微震聚集 E_s/E_p 特征

2.震级-频率关系(b 值)

通过大量的地震活动进行研究，1944 年，Gutenberg 和 Richter 提出了著名的 G-R 定律，运用线性拟合方法，建立了地震震级与频率的关系，其表达式为[297]

$$\lg N = a - b m_M \tag{5.12}$$

其中，N 表示震级大于等于 m_M 的地震事件数量；对于给定的一组统计数据，a 和 b 均是常数。

参数 b(也叫 b 值)不仅是统计上的分析参数，也具有直接的物理意义，其代表了地震震级大小事件数量的比例。工程微震震级-频率同样具有明显的 G-R 关系特征，典型的 G-R 关系曲线如图 5.31 所示[297]，x 轴截距 a/b 为统计数据内的最大震级预估值。

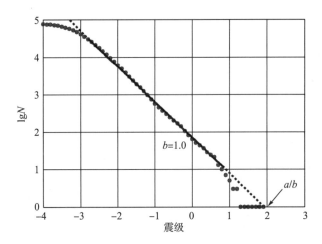

图 5.31　微震震级-频率(G-R)关系曲线[296]

通常情况下，b 值较大意味着低震级地震事件更频繁，而 b 值较小则可理解为高震级的地震事件占主导。Wesseloo 认为，b 值小可能由剪应力或断层滑移破坏引起，而 b 值大则可能与岩体非均质性增加或三维体破坏形式有关[321]。Legge 和 Spottiswoode、Hudyma 等对矿山开采过程中的微震震级-频率特征进行研究，认为断层滑移引起的微震活动往往对应的 b 值较小(一般小于 0.8)，而矿山开采爆破诱发应力迁移型的微震 b 值相对较大(1.2~1.5)[143,321,322]，如图 5.32 所示。

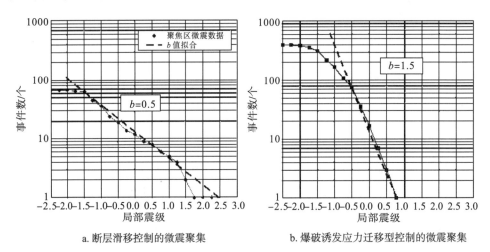

a. 断层滑移控制的微震聚集　　　　　　　b. 爆破诱发应力迁移型控制的微震聚集

图 5.32　Big Bell 矿区不同因素控制的微震聚集 b 值特征[143]

5.5.2　开挖卸荷强度控制的微震聚集区震源参数特征

2013 年 4 月 12 日至 7 月 30 日，主厂房第Ⅳ层下游侧以及第一层排水廊道爆破开挖进度加快，大规模的开挖卸荷对岩体应力状态扰动强烈，微震事件活动频繁，在靠近爆破开挖桩号的主厂房 1～3#机组之间下游拱座区域出现大量微震聚集。已有地质资料表明，该区域并未有断层或软弱结构面发育，因而推断，微震事件聚集主要由地下洞室群开挖卸荷强度控制。圈定该区域聚集的微震事件作为研究对象(图 5.33)，开展微震震源参数特征分析。

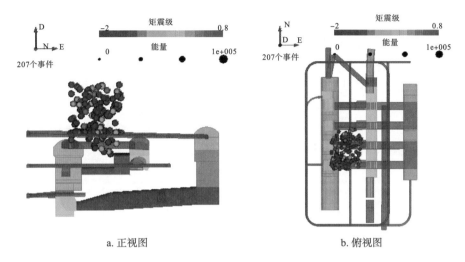

a. 正视图　　　　　　　　　　　　b. 俯视图

图 5.33　地下洞室群开挖卸荷强度控制的微震聚集(2013.04.12～2013.07.31)

1.E_s/E_p 特征

图 5.33 中微震事件的 E_s/E_p 分布特征如图 5.34 所示，其中，约 77%的微震事件 E_s/E_p 小于 10，而微震事件 E_s/E_p 大于 10 的数量占 23%左右。由此可见，地下

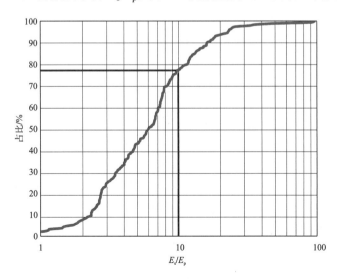

图 5.34　开挖卸荷强度控制的微震事件 E_s/E_p 分布特征

洞室开挖卸荷强度控制的微震事件以拉伸形式破坏为主。由于地下洞室开挖形成新的临空面，洞室周围岩体水平方向卸荷实质上相当于岩体经历加载过程，因此，在水平或竖直主应力的作用下，洞室周围受扰动区域围岩容易产生卸荷张拉裂隙。

2.b 值特征

图 5.33 中微震事件的震级范围为-2.0～0.8，以 ΔM=0.1 为间隔计算 b 值，微震事件震级-频率关系曲线如图 5.35 所示。计算得到 b 值为 1.03，该区域未来可能发生的微震事件最大震级预估值为 0.5。整体而言，地下厂房开挖卸荷引起的拉伸破坏强度较低，b 值相对较小。对于地下洞室爆破开挖卸荷控制的微震事件聚集，需严格控制微震聚集区开挖进度、爆破装药量，及时跟进或增强微震聚集区浅层支护措施，如喷锚、挂网等。

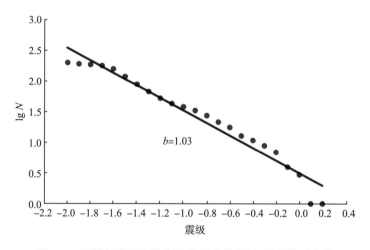

图 5.35   开挖卸荷强度控制的微震事件震级-频率关系曲线

5.5.3   断层控制的微震聚集区震源参数特征

2013 年 12 月 1 日至 2014 年 1 月 31 日，主厂房第Ⅴ～Ⅵ层开挖过程中，微震事件在主厂房 2～3#机组下游边墙区域出现条带状聚集。结合图 5.16 该区域地质资料可知，主厂房 2～3#机组剖面下游边墙区域发育多条断层。由于断层结构面围岩强度参数偏低，且开挖强卸荷过程中多个断层面交汇区域容易出现局部应力集中，断层活动就直接导致大量微震事件的聚集。圈定该区域的微震事件进行研究，微震事件空间分布如图 5.36 所示。

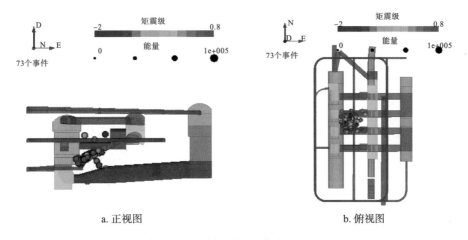

a. 正视图　　　　　　　　　　　b. 俯视图

图 5.36　地下洞室群断层控制的微震聚集(2013.12.01～2014.01.31)

1.E_s/E_p 特征

图 5.36 中微震事件的 E_s/E_p 分布特征如图 5.37 所示，其中，约 60%的微震事件 E_s/E_p 大于 10，E_s/E_p 小于 10 的微震事件约占 40%。由此可见，地下厂房断层控制的微震事件以剪切形式破坏为主。地下洞室开挖卸荷过程中，洞室周围岩体应力调整重分布，断层围岩强度较低，容易导致沿断层面方向萌生裂隙或二次扩展等剪切形式的破坏。

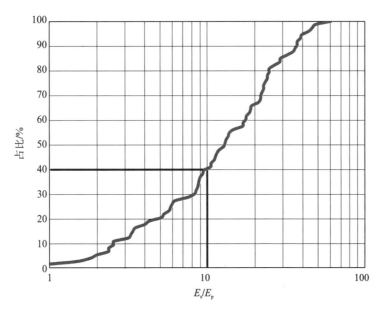

图 5.37　断层控制的微震事件 E_s/E_p 分布特征

2. b 值特征

图 5.36 中微震事件震级主要分布在-1.2～0.8，以 ΔM=0.1 为间隔计算 b 值，微震事件震级-频率关系曲线如图 5.38 所示。由图 5.38 可知，该区域微震事件 b 值为 0.77，该区域未来可能发生的微震事件最大震级预估值为 1.8。相对而言，地下厂房断层处聚集的微震事件 b 值较小，反映了微震事件整体震级高、能量大的特征。断层活动引起的岩石微破裂是一个逐渐发育的渐进过程，最终可能导致块体塌落、断层滑移等情况，因此，需结合地质资料实时关注微震事件的演化特征，在控制断层区域开挖速度的同时，应对断层活动区采取长锚杆、锚索或局部固结灌浆等措施进行处理。

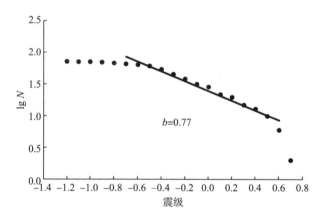

图 5.38　断层控制的微震事件震级-频率关系曲线

E_s/E_p、b 值作为描述震源破坏特征的统计参数，反映了震源区域的破坏模式及强度大小，可为地下洞室开挖和加固设计提供重要指导。

第6章　基于微震震源多参数的地下洞室围岩大变形预警

　　大型地下厂房洞室在施工过程中，受地应力、岩体结构、施工方案等因素的影响，围岩变形问题突出，严重威胁人员和设备安全，影响工程施工进度。例如，锦屏一级水电站高地应力地下厂房开挖期间岩体流变效应突出，洞室围岩局部变形量超过 100mm[15]；受高应力及软弱结构面影响，二滩水电站三大洞室开挖期间边墙最大位移均超过 100mm，尾水调压室最大位移量近 160mm[325-327]。此外，由于地下厂房是永久性建筑，洞室围岩变形超过一定量级还会影响地下厂房运行期的稳定性。因此，地下洞室开挖期间围岩变形分析与控制已成为当前岩土工程领域研究的热点和难点之一。

　　早在 20 世纪 60 年代，许多学者就已经开始了岩石的损伤变形研究工作，测试技术和方法经过数十年的发展，对岩石损伤破坏过程有了较深入的认识。图 6.1 体现了前期研究成果的总结，可以看出，岩石的应力-应变关系曲线可分为五个阶段：压密阶段（Ⅰ）、线弹性变形阶段（Ⅱ）、裂隙稳定破裂发展阶段（Ⅲ）、裂隙的非稳定扩展阶段（Ⅳ）、宏观变形破坏阶段（Ⅴ）[328,329]。在阶段Ⅰ过程中，岩石内部原生裂隙被压密，岩石内部结构更加致密，完整性增加；岩石原生裂隙被压密以后，岩石进入阶段Ⅱ，即线弹性变形阶段，此时岩石可视为线性、均质、弹性材料；阶段Ⅲ是微裂隙的发育期，新的岩石微裂隙开始萌生，导致不可恢复的损伤，随着应力的增长，裂隙稳定发育；阶段Ⅳ岩石受力逐渐增加并接近破坏强度，在此过程中，岩石破裂产生速度加快，并迅速扩展、贯通，岩石开始出现较大塑性变形；阶段Ⅴ岩石破坏，应力水平开始下降，岩石塑性体积和变形量进一步增加，导致岩石宏观变形破坏。由上述过程可知，岩石变形过程与声发射活动密切相关。与室内实验机理类似，地下洞室开挖引起的变形破坏，实质上也是岩石微破裂萌生、发育、扩展、聚集直至贯通形成宏观破坏的演化发展过程，本章以主厂房下游边墙的一次变形破坏过程为研究对象，深入分析微震活动率、能量、能量指数、视体积、微震信号频率、b 值、分形维数等震源参数演化规律，试图建立地下洞室微震震源参数活动与围岩外观变形的内在联系，揭示围岩变形的微震演化机制，从而实现地下厂房开挖卸荷过程围岩大变形的微震预警，为地下洞室施工方案的制订提供技术支撑。

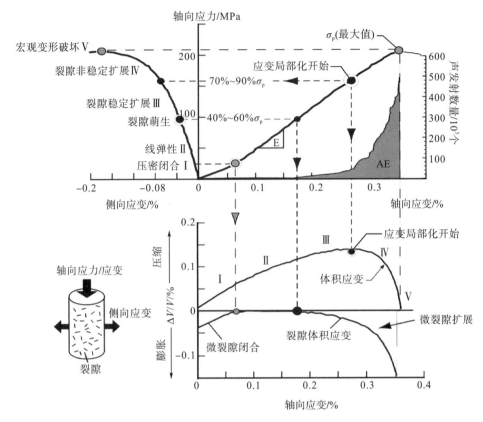

图 6.1　完整岩石单轴压缩渐进破坏应力-应变曲线[328,329]

6.1　地下厂房开挖卸荷引起的围岩变形

　　结合水电工程地下厂房洞室施工实践，通常情况下，地下厂房围岩大变形是指开挖卸荷扰动导致局部围岩变形在数日或数周内的台阶式增长，变形量往往在几毫米至数十毫米不等。毋庸置疑，地下厂房围岩大变形不仅影响了施工安全，还会导致工期延误，造成人身和财产损失。此外，由此引起的围岩变形量过大对厂房后期运行也有一定影响。

　　2013年11月26日至2014年1月14日，猴子岩水电站主厂房主要进行第Ⅴ～Ⅵ层（高程：1681.0～1694.0m）开挖，其间微震事件在主厂房下游边墙 1～3#母线洞之间出现明显聚集（桩号：0+18.8～0+83.8m；高程：1680.0～1710.0m），如图 6.2a 所示。与此同时，收集该区域附近的多点位移计变形监测数据与微震活动对比研究，多点位移计的布置和位移过程曲线如图 6.2b 所示。多点位移计 $M^6_{xz}1-2$（桩号：0+34.0m；高程：1705.4m）显示，2014年1月2日之前，围岩变形增长速率较小，1月2～9日，围岩变形出现台阶式增加，孔口变形增加量超过

12.5mm，变形主要出现在距临空面 15～24m 的深部围岩区域；多点位移计 M^4_{CF}3-8（桩号：0+51.3m；高程：1706.5m）与 M^6_{XZ}1-2 显示的位移变化特征基本一致，2014 年 1 月 2 日之前，围岩变形增长速率较小，1 月 2～9 日，围岩变形出现台阶式增加，孔口变形增加量超过 18.5mm，且变形主要出现在距临空面 8～24.4m 的深部围岩区域。结合现场踏勘发现，本次围岩大变形导致的外观破坏现象包括边墙喷混凝土开裂、母线洞片帮、锚墩内陷等，如图 6.3 所示。

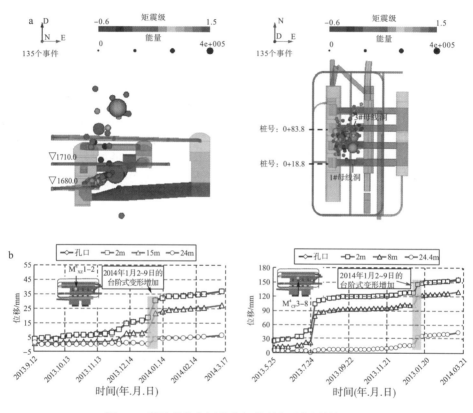

图 6.2　微震事件空间分布与外观变形监测数据对比

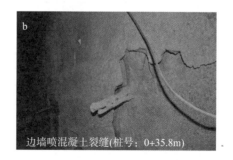

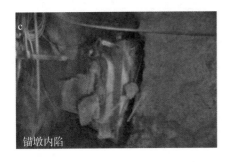
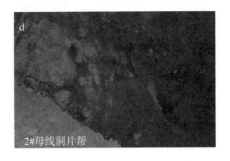

图 6.3   地下厂房微震聚集区的围岩变形破坏现象

6.2 地下厂房围岩大变形过程震源参数演化特征

针对 2013 年 11 月 26 日至 2014 年 1 月 14 日期间聚集的微震事件，圈定其空间分布范围(N：10~130m，E：0~60m，D：1630~1810m)，系统研究微震活动率、能量、能量指数、视体积、微震信号频率、b 值、分形维数等震源参数在围岩大变形过程中的演化规律，以期建立微震震源参数演化规律与围岩大变形的联系。

6.2.1 微震活动率与能量

微震活动率和能量是微震监测的基本参数，分别代表着岩体破坏的频率和强度[330]。因此，综合分析微震活动率和能量特征，可有效地揭示围岩内部应力水平和变形破坏强度。图 6.4 为 2013 年 11 月 26 日至 2014 年 1 月 14 日期间的微震事件数量和能量演化过程，其中微震事件能量计算方法如式(5.2)所示。从图 6.4 中可以看出，2013 年 12 月 17 日之前，平均每天的微震事件数量少于 4 个，能量释放相对较低且基本稳定。2013 年 12 月 17 日至 2014 年 1 月 2 日，微震事件数量

图 6.4   微震事件数量与能量随时间变化规律

随时间出现周期性波动增长，能量逐渐加速增长，表明该区域应力不断集中，应力水平逐渐接近岩石破坏强度，大量岩石微破裂发育、聚集，破裂的强度逐渐增大。2014 年 1 月 2～9 日，微震事件数量开始仍处在相对较高水平，随后数量减少，能量释放迅速增加。此时，围岩变形快速增长，如图 6.2b 所示。围岩大变形出现以后，微震事件数量进一步减少，能量释放也降低至较低水平。因此，微震事件数量的波动增加和能量释放的加速增长可作为局部区域围岩大变形的重要预警信号。

6.2.2　能量指数与视体积

地下洞室围岩变形本质上由围岩内部的力学行为决定，地震学上，常用的力学参数包括视应力、视体积和能量指数，这些参数常用于评估地下洞室围岩稳定性[331,332]。

视体积代表了同震非弹性变形区的岩体体积，与视应力一样，视体积的变化也依赖于地震矩和地震能量，其表达式为[124]

$$V_A = \frac{M_0}{2\sigma_A} = \frac{M_0^2}{2\mu E} \tag{6.1}$$

视应力和视体积常用于描述局部区域岩石应力和变形状态变化，如果将一定区域内的微震事件的视体积随时间累积，则得到累积视体积，可直接反映岩体变形随时间的变化特征。

能量指数 EI 是指单个微震事件能量和与之具有相同地震矩的微震事件平均能量的比值，其表达式为[333]

$$EI = \frac{E}{E(M_0)} \tag{6.2}$$

能量指数最初用于南非金矿，结合地震事件位置，绘制能量指数二维等值线图，基于能量指数分布特征，预测较大危险地震的发生时间[334]。由视应力和能量指数定义可知，视应力与能量指数的变化特征是一致的。

2013 年 11 月 26 日至 2014 年 1 月 14 日期间的地下厂房微震事件能量指数计算方法与过程如图 6.5 所示，对 $\lg E$ 与 M_0 关系直线拟合，得到：$\lg \overline{E(M_0)} = 1.1564 M_0 - 8.2368$，运用该式可计算每个微震事件的能量指数。

图 6.6 给出了 2013 年 11 月 26 日至 2014 年 1 月 14 日期间微震事件能量指数和累积视体积的演化过程。由图可知，2013 年 12 月 23 日之前，能量指数对数主要在-0.2～0.2 内波动，量值整体较小，累积视体积缓慢增加。2013 年 12 月 23 日至 2014 年 1 月 2 日，能量指数对数快速增长，累积视体积平稳增加，表明局部围岩内部应力快速增加，应力水平接近岩体破坏强度，变形也随之不断增加。2014 年 1 月 2 日以后，能量指数对数迅速降低，累积视体积则快速增加，表明局部围

岩应力水平下降，进入应变软化阶段，宏观较大变形出现。由上述可知，微震事件能量指数的急剧增长和累积视体积的平稳增加可作为局部区域围岩宏观大变形的预警信号。

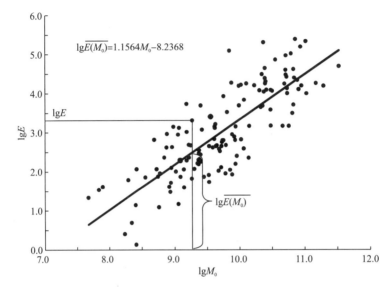

图 6.5　微震事件能量与矩震级关系

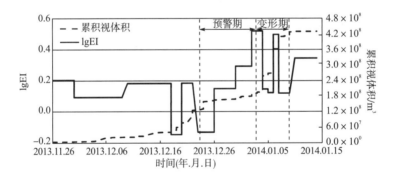

图 6.6　能量指数与累积视体积随时间变化规律

6.2.3　微震信号频率

微震信号频率蕴含着丰富的震源破裂信息，不同时间序列的频率成分特征反映了不同的岩体力学状态[330,335]。室内实验和现场测试研究表明，岩石微破裂在萌生、发育、扩展及贯通过程中，破裂信号频率随破裂尺度增加而降低[183,184,330]。地下厂房典型微震事件信号波形及其频谱特性如图 6.7 所示，其主频为高幅值时频成分对应的分布频段，主频带的中心为中心频率，本节采用反映微震信号主频特征的中心频率对变形期间的频率变化进行分析。

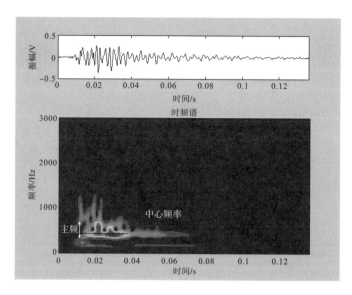

图 6.7　地下厂房微震信号频谱特性

2013 年 11 月 26 日至 2014 年 1 月 14 日期间的微震信号频率变化过程如图 6.8 所示，2013 年 11 月 25 日至 2013 年 12 月 25 日，微震信号频率整体较高，平均约为 550Hz。2013 年 12 月 26 日至 2014 年 1 月 2 日期间，微震信号频率呈降低趋势，频率大小降低至 500Hz 左右，表明微破裂尺度有所增加。2014 年 1 月 2~9 日，微震信号频率继续波动降低，围岩出现较大外观变形。由此可知，微震信号频率的降低可作为局部区域围岩大变形的预警信号。

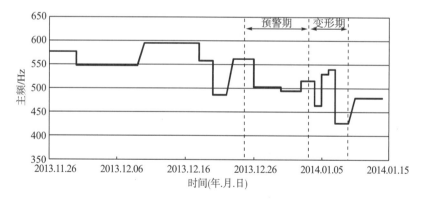

图 6.8　微震信号频率随时间变化规律

6.2.4　b 值

采用移动窗口的方法对不同时段的微震事件 b 值特征进行分析[331,336,337]，以 30 个微震事件为计算窗口，10 个事件为滑动窗口，如图 6.9 所示。2013 年 11 月

26 日至 2014 年 1 月 14 日期间微震事件震级主要范围为-0.8~1.0,因此,以 ΔM=0.1 为间隔计算 b 值,图 6.10 给出了该方法在不同时间的 b 值计算结果。

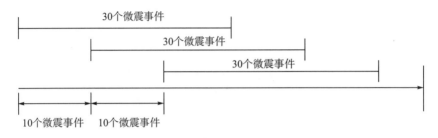

图 6.9　移动窗口方法图示

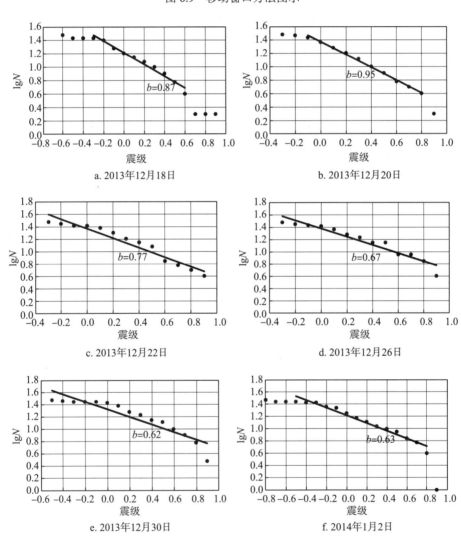

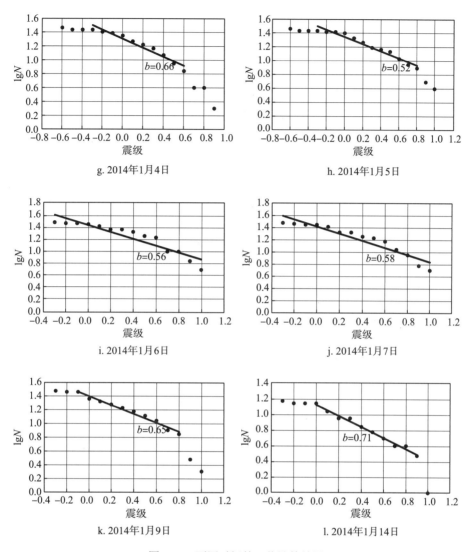

g. 2014年1月4日　　　　　　　　　h. 2014年1月5日

i. 2014年1月6日　　　　　　　　　j. 2014年1月7日

k. 2014年1月9日　　　　　　　　　l. 2014年1月14日

图 6.10　不同时间的 b 值计算结果

　　2013 年 11 月 26 日至 2014 年 1 月 14 日期间 b 值演化过程如图 6.11 所示。2013 年 12 月 20 日之前，b 值相对较高，表明低震级的微震事件占大多数。2013 年 12 月 20 日至 2014 年 1 月 2 日，b 值不断降低，表明高震级的微震事件比例持续增加。在围岩变形期，尽管有轻微波动，但 b 值仍处于相对较低的水平，由此可见，高震级微震事件比重的增加最终导致了围岩较大的变形。因此，b 值的降低可作为围岩变形的预警信号。

图 6.11　b 值随时间变化规律

6.2.5　分形维数

如本章开头所述，岩石材料宏观变形破坏与微破裂的发育和聚集密切相关，因此，其内部微破裂空间如何演化引起了广泛的关注[338,339]。Nolen-Hoeksema 和 Gordon 采用光学显微镜和自制的加载装置，通过观测大理岩折叠悬臂梁中缺口处的微裂纹在加载条件下的演化趋势，发现不同荷载阶段的微破裂的范围和分布具有自相似特征[340]。许江等利用类似装置和方法研究了砂岩单轴压缩条件下的岩石微破裂演化过程，岩石微破裂的空间分布显示，损伤区域内部和整体具有统计自相似性，不同荷载阶段也有类似性质[341]。这些研究结果表明，岩石破坏过程中微破裂的演化过程具有自相似特征，也叫作分形。国内外许多学者通过室内和现场试验对岩石破坏过程中的分形特征开展了一系列的研究[331,336,342-345]，发现岩石或岩体在接近破坏或失稳时，分形维值会出现降低。

当前对于分形维数的计算，主要采用盒维数的方法。盒维数可定义为数目-半径关系，即针对一定区域的岩石破裂分布，如果以破裂分布中心为基准点作半径为 r 的圆或球形，在此范围内的破裂数目为 $M_{(r)}$，不同的 r 对应不同的 $M_{(r)}$[346]。如果分布是一维线性的，则 $M_{(r)} \propto r$；类似地，二维平面和三维体则分别为 $M_{(r)} \propto r^2$ 和 $M_{(r)} \propto r^3$。根据分形理论，数目-半径的关系可表示为

$$M_{(r)} = Cr^D \tag{6.3}$$

式中，C 表示材料常数；D 表示分形维数。

对两边取对数，可得

$$\lg M_{(r)} = \lg C + D \lg r \tag{6.4}$$

在对数坐标系中绘制 $\lg M_{(r)}$-$\lg r$ 关系曲线，若曲线具有较好的线性相关性，则认为岩石微破裂空间分布具有自相似性，即具有分形特征，此时分形维数为斜率 D。

　　实际应用过程中，常用的岩石微破裂半径-数目关系覆盖方法包括圆形、球体或立方体覆盖，但根据研究对象的空间形状特征，也可采用圆柱或长方体覆盖[347]，如图 6.12 所示。地下厂房围岩大变形区域位于下游边墙，已圈定的微震事件研究范围岩体空间形状为长方体，因此，采用长方体覆盖法计算微震事件分形维数。长方体内所包含的微震事件数目-半径关系满足 $M_{(r)} \propto abc$，由于边长比为定值，则 $M_{(a)} \propto C_1C_2a^3$[347]。若满足分形分布，则

$$M_{(a)}=Ca^D \tag{6.5}$$

其中，a、b、c 为长方体边长；C_1、C_2 为边长比；C 为材料常数；$M_{(a)}$ 为边长为 a、b、c 时长方体内的微震事件数目。

　　两边取对数，可得

$$\lg M_{(a)}=\lg C+D\lg a \tag{6.6}$$

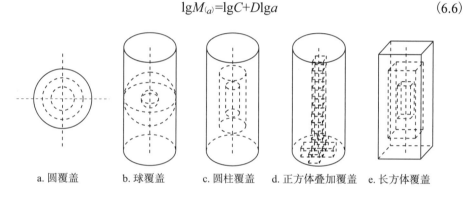

a. 圆覆盖　　　b. 球覆盖　　　c. 圆柱覆盖　　d. 正方体叠加覆盖　　e. 长方体覆盖

图 6.12　多种覆盖计算分形方法

　　与 b 值计算方法类似，分形维数计算也采用滑动窗口方法，以 30 个微震事件作为计算窗口，10 个微震事件为滑动窗口。以圈定的岩体范围质量中心点为基点，按 $a:b:c=1:2:3$ 等比例增加边长，不同时间的分形维数计算结果如图 6.13 所示。

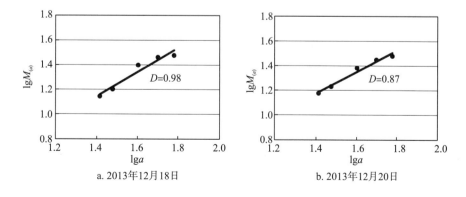

a. 2013年12月18日　　　　　　　　b. 2013年12月20日

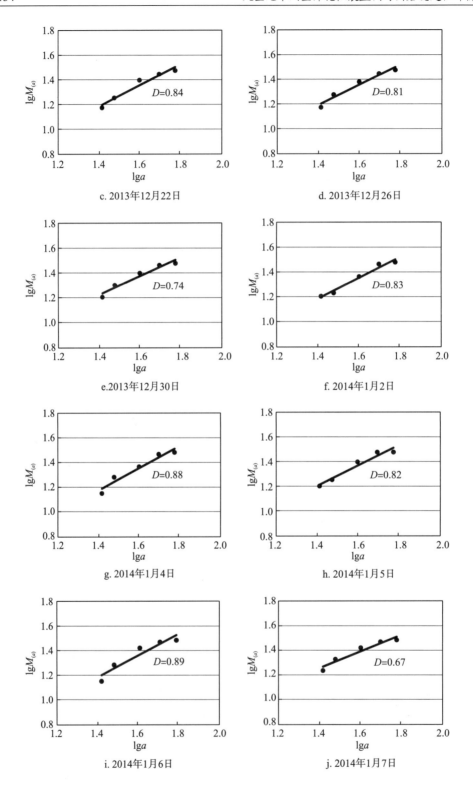

c. 2013年12月22日

d. 2013年12月26日

e.2013年12月30日

f. 2014年1月2日

g. 2014年1月4日

h. 2014年1月5日

i. 2014年1月6日

j. 2014年1月7日

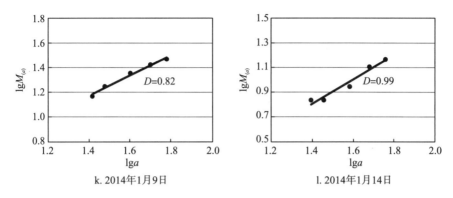

图 6.13 不同时间的分形维值计算结果

2013 年 11 月 26 日至 2014 年 1 月 14 日期间分型维值演化过程如图 6.14 所示。可以看出，2013 年 12 月 18 日之前，分形维值相对较高；2013 年 12 月 18 日至 2014 年 1 月 2 日期间，分形维值出现明显的降低趋势，表明微震事件在局部区域不断聚集；2014 年 1 月 2 日以后，分形维值出现一定波动，但仍处于较低水平，微震事件的持续聚集导致了围岩较大变形的发生。因此，分形维值的降低可作为围岩变形的预警信号。

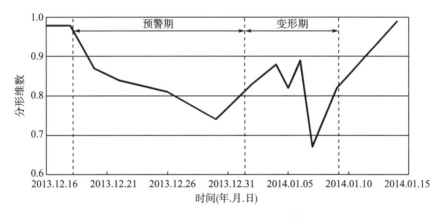

图 6.14 分形维数随时间变化规律

6.3 地下洞室围岩大变形震源参数预警机制

由 6.2 节可知，地下洞室围岩大变形之前，多个微震震源参数出现明显的异常，包括微震事件数量的增加、能量释放加速增长、能量指数对数急剧增加并伴随着累积视体积平稳增长以及微震信号频率、b 值、分形维数的降低。

地下洞室微震震源参数异常时序如图 6.15 所示，可以看出，震源参数可能在不同的时间出现，往往会持续至围岩大变形发生。比如，微震事件数量和能量开始异常出现在 2013 年 12 月 17 日，大约在围岩宏观变形前 15 天。2013 年 12 月 18 日，另一个微震震源参数分形维数出现异常，如果一个参数的异常之后出现另一个参数异常，则认为围岩变形的风险增加。随着 b 值、能量指数与视体积、微震信号频率参数异常的陆续出现，围岩变形的风险进一步增加。因此，通过分析微震震源多参数的时序特征，可实现地下洞室围岩大变形的实时预警。

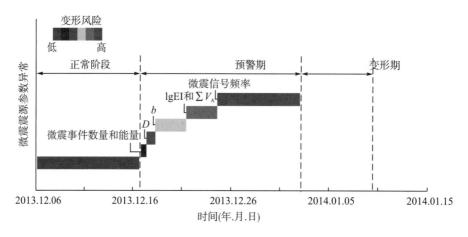

图 6.15　地下洞室围岩大变形微震震源参数异常和风险评估时序特征

　　更重要的是，通过对微震震源参数异常的综合分析，可及时采取避免围岩大变形的动态调控措施。如本研究中的案例，当微震事件数量和能量出现异常时，该区域开挖进度应该适当减慢。随着分形维数和 b 值异常的出现，围岩变形风险增加，应在微震聚集区域跟进随机支护措施，施工条件允许的话建议及时增加系统支护。当能量指数与视体积、微震信号频率随后出现异常时，围岩变形风险更高，开挖施工应延缓进行，同时采取一定的保护措施，避免局部围岩破坏导致人员伤亡和设备损失。该区域地下洞室恢复下阶段施工前，无论大的变形破坏出现与否，应补强该区域支护措施以防止岩石微破裂进一步扩展。

　　需要说明的是，通过不同地下洞室工程已开展的多次围岩大变形预警实例发现，受地下洞室地应力、地质构造、洞群布置等多方面因素的影响，微震事件震源参数量值在不同工程围岩大变形过程中可能存在较大变化，即使同一工程的不同区域，也可能有一定差异。尽管如此，微震震源参数的变化趋势仍呈现出较好的规律性，为地下洞室围岩大变形预警提供重要指导。

第7章 考虑微震损伤效应的地下洞室围岩稳定性反馈分析

地下洞室围岩损伤引起的变形破坏对施工方案和支护设计有非常重要的影响，为揭示地下洞室围岩损伤特征，国内外研究人员开展了丰富而卓有成效的研究工作，得出的主要方法包括位移监测、声波测试、钻孔摄像、数值模拟等。Maxwel 等利用声波测试和地震折射法，评估了地下洞室开挖损伤区的范围和损伤程度[348]。Li 等基于白山水电站地下厂房围岩实测位移和应力数据，分析了开挖损伤区的变形和应力的时空分布特征[349]。江权等针对白鹤滩水电站地下厂房面临的高应力诱发围岩损伤破坏问题，综合运用围岩破坏统计调查和岩体钻孔摄像连续观测方法，全面揭示了洞室开挖强卸荷下玄武岩内部破裂的演化全过程[350]。刘宁等基于锦屏二级水电站深埋引水隧洞声波测试数据，确定了开挖损伤区的深度[351]。朱泽奇等以大岗山水电站地下厂房为研究对象，结合声波测试、变模测试和多点位移计数据进行分析，研究地下洞室开挖损伤区的分布范围和损伤劣化特征[352]。针对地下洞室围岩稳定性反馈分析，许多学者也进行了大量研究。Yazdani 等以 Siah Bisheh 抽水蓄能电站为研究对象，运用连续和非连续数值方法进行反馈分析，揭示了岩体力学参数、应力比和节理参数特征，并将计算后的参数与初始设计值对比[353]。Feng 等提出了地下工程稳定性智能分析与动态优化方法，通过现场丰富的实测数据，反演分析了强度折减后的岩体参数，并对下阶段开挖变形进行预测，研究成果成功用于水布垭、拉西瓦、锦屏二级水电站等地下厂房洞室群设计与施工[354-356]。基于锦屏一级地下厂房声发射和位移监测结果，魏进兵和邓建辉采用 BP 神经网络和遗传算法研究了岩体损伤特征和强度参数变化[18]。朱维申等采用滑动测微计、高密度电法仪等测试了地下洞室围岩松弛劈裂区和变形数据，采用提出的"能量耗散劈裂分析法"反馈开挖损伤后的岩体参数，并预测了下阶段的开挖变形[16]。董志宏等以乌江彭水水电站大型地下厂房为研究对象，基于现场位移监测资料，建立了基于均匀设计-神经网络-遗传算法的围岩力学参数反分析方法，反演了考虑开挖卸荷损伤以后的围岩力学参数[357]。张明等对溪洛渡水电站左岸地下厂房洞室群开挖过程反馈分析，根据施工期位移监测资料，以三维连续介质快速拉格朗日分析程序 FLAC^{3D} 作为数值分析软件，建立神经网络数值反馈分析系统，得到的围岩反馈分析位移成果与实测数据吻合，后期开挖的围岩变形预测结果合理[358]。

传统的围岩损伤识别方法往往采用常规监测方法或数值方法间接揭示围岩损伤特征，不同于传统监测结果，微震监测可通过实时捕捉微震事件的萌生、聚集、发育过程，直接反映围岩的损伤演化特征，但如何运用微震参数信息量化大型地下厂房洞室围岩损伤特征，国内外仍缺乏相关的研究。鉴于此，本章首先分析了岩石破裂尺度对围岩损伤的影响，然后采用考虑岩石破裂尺度的本构关系，将微震破裂信息导入地下厂房二维数值模型，计算分析微震损伤对围岩变形的影响，开展考虑微震损伤效应的地下洞室围岩稳定性反馈分析。

7.1 微震活动与围岩损伤

为建立地下厂房围岩损伤与微震活动的定量联系，以主厂房 2#机组剖面为中心，选取一定范围的微震事件进行研究（N：40～70m；E：−35～62m；D：1645～1766m）。微震监测系统正常运行起始时间为主厂房第Ⅳ层开挖初始阶段，因此，对第Ⅳ～Ⅶ层开挖期间微震事件进行选取，共圈定该时空范围内微震事件 328 个，微震事件空间分布如图 7.1 所示。

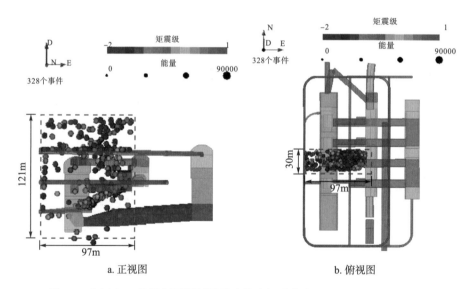

图 7.1 主厂房 2#机组剖面附近微震事件空间分布（2013.04.12～2014.3.31）

如前文所述，微震数据蕴含丰富的震源破裂信息，根据第 5 章中的地震学基本理论，可求出微震事件地震矩、能量、视应力、震源尺寸等震源参数，表 7.1 给出了图 7.1 中部分微震事件震源参数计算结果。微震事件的震源半径反映了岩石破裂的尺度，与围岩损伤大小有直接联系。为定量揭示微震活动对围岩损伤的影响，采用震源半径对围岩损伤分析研究。如 5.1 节中所述，震源半径的计算结果与模型选取有关，选用可得到更真实破裂尺寸的 Madariaga 准动态模型，震源半径可通过式(5.5)计算得出。计算结果表明，图 7.1 中微震事件的震源半径主要在 2～4.5m。

表 7.1　主厂房 2#机组剖面附近部分微震事件震源参数列表

事件	南北/m	东西/m	高程/m	地震矩/(N·m)	能量/J	E_s/E_p	震源半径/m	视应力/Pa	静态应力降/Pa
1	63.5	51.2	1736.7	1.57×10^7	5.35×10^0	10.16	2.56	9.95×10^3	1.41×10^5
2	67.6	27.5	1724.1	1.39×10^7	1.66×10^0	4.27	3.57	3.49×10^3	1.37×10^5
3	63.5	15.2	1687.4	5.07×10^7	1.25×10^1	17.39	3.10	7.22×10^3	9.83×10^4
4	60.0	42.8	1736.7	4.38×10^7	3.81×10^1	8.73	2.37	2.54×10^4	5.28×10^5
5	50.5	50.5	1713.8	6.72×10^7	6.05×10^1	6.13	3.64	2.63×10^4	6.12×10^5
6	47.1	1.4	1736.5	2.38×10^7	1.88×10^1	9.66	3.01	2.31×10^4	4.25×10^5
7	51.4	-33.6	1700.4	4.31×10^7	1.34×10^2	10.61	2.21	9.07×10^4	1.69×10^6
8	42.5	41.7	1687.8	1.42×10^8	4.78×10^1	13.54	6.49	9.80×10^3	1.48×10^5
9	61.5	15.1	1736.8	6.41×10^6	8.46×10^1	7.11	1.47	3.85×10^3	7.60×10^4
10	60.3	6.9	1686.1	9.38×10^7	4.16×10^1	15.26	3.05	1.30×10^4	3.49×10^5
11	58.4	26.9	1736.8	6.56×10^6	6.29×10^1	5.13	2.98	2.81×10^3	1.06×10^5
12	62.9	32.1	1736.3	7.56×10^6	8.38×10^1	4.13	3.14	3.24×10^3	1.29×10^5
13	47.8	50.2	1711.6	3.78×10^8	9.45×10^2	11.57	1.71	7.31×10^4	1.56×10^6
14	68.0	58.6	1682.5	1.72×10^{10}	1.43×10^5	11.39	3.88	2.42×10^6	7.7×10^6
15	66.0	-34.2	1737.0	1.01×10^7	1.35×10^0	5.21	3.52	3.92×10^3	1.01×10^5
16	49.8	57.3	1765.8	1.35×10^8	1.91×10^2	14.59	4.17	4.14×10^4	8.38×10^5
17	54.3	17.8	1736.6	4.92×10^6	4.74×10^1	8.73	3.44	2.81×10^3	6.96×10^5
18	66.7	15.2	1701.5	2.56×10^8	2.27×10^2	14.75	5.33	2.59×10^4	7.41×10^5
19	66.1	27.4	1745.5	1.29×10^7	7.23×10^0	23.20	2.78	1.64×10^4	2.35×10^5
20	52.0	27.8	1765.8	7.38×10^7	3.42×10^0	5.98	3.20	1.35×10^4	7.64×10^4
21	55.8	5.1	1749.6	8.45×10^6	1.48×10^0	36.53	3.06	5.11×10^4	1.31×10^5
22	56.9	35.4	1756.2	1.56×10^7	3.48×10^0	12.73	4.19	6.50×10^3	9.52×10^4
23	49.5	41.4	1713.7	6.28×10^8	2.65×10^3	17.07	2.55	1.23×10^5	2.94×10^5
24	48.0	19.4	1756.8	1.05×10^8	1.26×10^2	10.04	2.85	3.51×10^4	6.72×10^5
25	67.1	46.8	1757.2	1.21×10^7	3.56×10^0	20.15	3.27	8.57×10^3	1.19×10^5
26	62.9	51.3	1697.9	7.34×10^6	3.77×10^1	16.06	4.86	1.50×10^3	1.75×10^4
27	66.8	-29.0	1761.4	8.06×10^6	3.62×10^0	21.48	3.09	1.31×10^4	1.65×10^5
28	62.8	41.9	1711.0	1.36×10^7	9.66×10^0	9.42	3.36	2.07×10^4	5.74×10^5
29	61.9	61.2	1718.9	1.60×10^7	5.57×10^0	13.47	3.64	1.02×10^4	1.45×10^5
30	45.6	20.6	1646.0	1.34×10^7	1.97×10^1	10.56	2.43	4.28×10^4	6.90×10^5

续表

事件	南北 /m	东西 /m	高程 /m	地震矩 /(N·m)	能量/J	E_s/E_p	震源半径 /m	视应力 /Pa	静态应力降 /Pa
31	53.6	29.4	1722.6	1.43×10^7	3.95×10^0	6.72	3.59	8.06×10^3	1.48×10^5
32	58.9	4.6	1759.8	3.76×10^7	1.81×10^1	9.31	4.86	1.40×10^4	1.25×10^5
33	59.5	22.4	1716.7	1.03×10^7	1.68×10^1	12.05	3.14	4.75×10^4	9.38×10^5
34	56.2	57.0	1704.4	7.48×10^5	7.25×10^4	11.65	1.42	2.83×10^1	1.56×10^3
35	65.9	40.7	1697.3	1.63×10^7	1.29×10^0	2.64	2.48	2.31×10^3	3.25×10^4
36	66.7	44.2	1692.5	9.99×10^6	3.37×10^1	8.39	2.51	9.86×10^2	1.60×10^4
37	48.6	42.6	1698.2	2.95×10^9	2.12×10^4	18.62	3.56	2.10×10^5	1.27×10^6

7.2 考虑岩石微破裂尺度的损伤模型

岩体内的裂隙、节理、断层等不连续面对岩体力学和水力学性质有非常重要的影响，相对于完整岩体而言，破裂岩体通常质量更差、更易变形。破裂岩体的整体弹性参数评估已成为众多学者的研究课题[359-364]，基于已知相关的岩石破裂信息，如尺寸、方位、数量等，可确定简单但严谨且计算有效的破裂岩体刚度或柔度矩阵评估方法。

以含大量破裂的受力岩体为研究对象，选取一定尺寸的岩体代表体积单元（representative volume element，RVE）作为研究对象，岩体平均应力和平均应变定义为[160]

$$\bar{\sigma}_{ij} = \frac{1}{V} \int_V \sigma_{ij} \mathrm{d}V \tag{7.1}$$

$$\bar{\varepsilon}_{ij} = \frac{1}{V} \int_V \varepsilon_{ij} \mathrm{d}V \tag{7.2}$$

式中，σ 表示应力；ε 表示应变；i、j 表示坐标方向的整数；$\bar{\sigma}$ 表示平均应力；$\bar{\varepsilon}$ 表示平均应变；V 表示 RVE 的体积。

式 (7.1) 和式 (7.2) 体现了一个代表体积单元的平均质量。根据 Horri 和 Nemat-Nassert 的研究，含破裂的岩石平均应力和平均应变关系可表示为[362]

$$\bar{\varepsilon}_{ij} = C_{ijkl} \bar{\sigma}_{kl} + \frac{1}{2V} \int_{S^C} ([\mu_i] n_j + [\mu_j] n_i) \mathrm{d}S \tag{7.3}$$

式中，C_{ijkl} 表示完整岩石的柔性张量；S^C 表示破裂表面积；n_i 表示破裂的单位正向量；$[\mu_i]$ 表示破裂面的位移增加量。

式 (7.3) 第二部分为岩石破裂导致的应变增量，可通过每个破裂表面的位移增量求得。地下洞室围岩已有破裂大多情况下会经历卸荷状态，在给定的损伤状态下，假设岩体整体弹性是合理的。在这种情况下，本构关系可通过常有效弹性柔

性张量表示，其定义为

$$\bar{\varepsilon}_{ij} = (C_{ijkl} + C_{ijkl}^p)\bar{\sigma}_{kl} = \bar{C}_{ijkl}\bar{\sigma}_{kl} \tag{7.4}$$

式中，C_{ijkl}^p 表示破裂引起的柔性张量。

　　破裂之间的相互影响对评估破裂岩体整体响应非常重要，为此，Cai 和 Horri 提出一种有效的方法，将破裂放在未考虑破裂相互影响的有效材料固体中，计算破裂引起的应变增量，该方法得到的有效模量与实验结果较吻合[363,364]。本构关系可简化为

$$\bar{\varepsilon}_i = \bar{C}_{ij}\bar{\sigma}_j \ (i,\ j=1,\ 2,\ \cdots,\ 6) \tag{7.5}$$

　　二维情况下，$\bar{\varepsilon}_1 = \bar{\varepsilon}_{11}$，$\bar{\sigma}_6 = 2\bar{\sigma}_{12}$。对于有 N 个随机分布裂隙的完整岩体，破裂密度 $\omega = \dfrac{\sum\limits_{i=1}^{N}\pi r_i^2}{V}$，节理岩体的柔度矩阵为[160]

$$\bar{C}_{ij} = \frac{1}{E}\begin{bmatrix} 1+a_0 & -\nu & 0 \\ -\nu & 1+a_0 & 0 \\ 0 & 0 & 2(1+\nu)+2a_0 \end{bmatrix} \tag{7.6}$$

式中，E 表示完整岩石的弹性模量；$a_0 = \omega(1+\omega)$。

　　式(7.6)适用于平面应力，对于平面应变而言，需将 E 变为 $E/(1-\nu^2)$，ν 变为 $\nu/(1-\nu)$。基于上述分析，图 7.2 给出了考虑微震损伤效应的地下洞室围岩稳定性反馈分析具体流程。

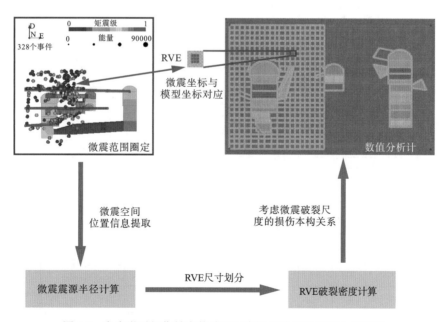

图 7.2　考虑微震损伤效应的地下洞室围岩稳定性反馈分析流程

7.3　考虑微震损伤效应的地下洞室围岩稳定性反馈分析

7.3.1　数值计算模型

快速拉格朗日差分法可通过节点运动参数随时间的变化规律，以及相邻节点间的变化规律来研究整个计算域的运动，具有数学运算简单，求解过程收敛，处理岩土体大变形、弹塑性、有开挖和支护等复杂情况比较方便的特点，本节采用基于快速拉格朗日差分法的数值软件 FLAC 对地下洞室开挖过程进行反馈分析计算。

1.地下厂房洞室施工及地质资料

以地下厂房 2#机组剖面为数值分析对象，该断面洞室分层开挖方案(开挖时序参照图 2.9)以及围岩类别如图 7.3 所示。可以看出，地下厂房 2#机组剖面周围区域围岩以 III_1 类为主，局部为 III_2 类和 IV 类，不同类型的围岩力学参数如表 7.2 所示。地质资料显示(图 5.16)，断层主要分布在主厂房下游边墙区域，将断层区域岩体整体弱化为 III_2 类或 IV 类围岩考虑。地下厂房三大洞室支护方案如图 7.4 所示，其中，黑色表示系统锚杆，红色表示锚索，黄色表示预应力锚杆。系统锚杆采用 $\varPhi28mm$ 或 $\varPhi32mm$ 螺纹钢，1.5m×1.5m 间隔布置。洞室顶拱锚杆长度为 7m 或 9m，边墙锚杆长度为 6m 或 8m。预应力锚索长度为 20m、25m 或 30m，主厂

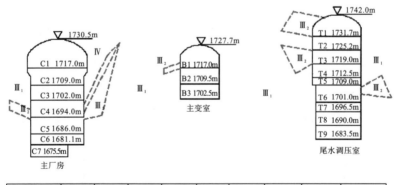

	第Ⅰ期	第Ⅱ期	第Ⅲ期	第Ⅳ期	第Ⅴ期	第Ⅵ期	第Ⅶ期	第Ⅷ期	第Ⅸ期
主厂房	C1	C2	C3	C4	C5	C6	C7		
主变室	B1	B2	B3						
尾水调压室	T1	T2	T3	T4	T5	T6	T7	T8	T9

图 7.3　地下洞室分层开挖方案及围岩类别

表 7.2　地下洞室围岩力学参数

围岩类型	弹性模量/GPa	泊松比	密度/(g/cm³)
III₁	12.0	0.2	2.8
III₂	6.0	0.3	2.75
IV	2.5	0.35	2.7

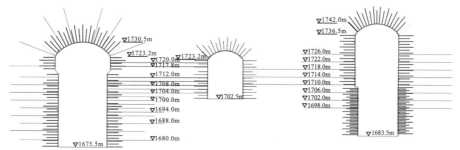

图 7.4　地下厂房三大洞室支护方案

房下游边墙与主变室上游边墙之间以及主变室下游边墙与尾水调压室上游边墙之间采用对穿锚索，锚索间距为 4m×4m，预应力为 2000kN、2500kN 或 3000kN。预应力锚杆布置在洞室拱肩部位，长度为 9m，预紧力为 120kN。此外，由于主厂房开挖期间下游边墙区域变形过大，补增 6 排预应力锚索。

2.计算模型

图 7.5 为建立的地下洞室数值模型，模型尺寸 450m×500m，共划分单元 260×180=46800 个。结合震源半径尺寸与洞室开挖尺寸(原则上 RVE 单元要大于震源半径而小于洞室开挖尺寸)，RVE 尺寸选取为 5m×5m×30m，如图 7.5 中放大的黄色方框所示。假设地下洞室围岩为弹性材料，运用 Fish 语言，将考虑微震损伤的本构关系导入模型进行计算。

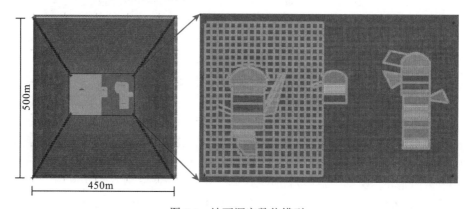

图 7.5　地下洞室数值模型

3.边界条件及初始应力场分析

地下厂房洞室数值模型顶部实际埋深约 275m，结合厂区实测地应力数据可知，厂区以构造应力为主，且量值随埋深增加而增加，因此，可将模型考虑为水平方向均布荷载，竖直方向荷载随深度增加而增加。地下厂房洞室分层开挖计算过程中，对模型四周均采用法向位移约束。根据 2.1.3 节厂区实测地应力结果，采用线性方法拟合，得出三个方向的初始应力场分布为

$$\sigma_X = 1.181 \times 10^7 + 4.296 \times 10^5 H \tag{7.7}$$

$$\sigma_Y = 8.258 \times 10^6 + 3.086 \times 10^5 H \tag{7.8}$$

$$\sigma_Z = 1.147 \times 10^7 + 4.171 \times 10^5 H \tag{7.9}$$

其中，σ_X、σ_Y、σ_Z 分别为 X、Y、Z 方向的应力(Pa)；H 为模型顶部沿 Y 方向高度(m)。

7.3.2　计算结果分析

1.应力分布特征

图 7.6 给出了地下厂房三大洞室第Ⅰ～Ⅶ层开挖后的最大主应力和最小主应力分布，可以看出，洞室群开挖支护完成后，围岩应力场调整重新分布，径向应力释放，环向应力增加，洞室不同区域围岩出现不同程度的应力集中。洞室整体应力水平较高，其中，洞室底板与边墙交接部位应力集中尤为严重，且量值随边墙高度增加而不断增加，每层开挖最大主应力的位置主要位于主厂房上游边墙与底板交界处，洞室开挖至第Ⅶ层时该位置最大主应力超过了 80MPa。另外，洞室群第Ⅰ、Ⅱ层开挖时，洞室拱脚位置也出现了一定程度的应力集中，随着开挖深度的不断增加，拱脚应力集中不再明显，但顶拱区域的应力量值仍不断增加。需引起注意的是，洞室开挖过程中，受强卸荷扰动影响，主厂房上下游边墙、主变室上游边墙以及尾水调压室上游边墙均出现了小于 2.5MPa 的拉应力。

2.未考虑微震损伤的变形特征

由于导入地下厂房数值模型的微震数据为地下厂房第Ⅳ～Ⅶ层开挖时间段内的数据，圈定的微震事件位于主厂房洞室周围围岩区域，因此，地下洞室围岩变形特征主要针对第Ⅳ～Ⅶ层开挖期间主厂房周围区域进行分析。图 7.7 给出了未考虑微震损伤情况下第Ⅳ～Ⅶ层开挖期间主厂房周围区域围岩水平位移特征，可以看出：①主厂房第Ⅳ～Ⅶ层分层开挖过程中，围岩最大水平位移均出现在下游边墙，各层开挖完成后最大水平位移量分别为 75～80mm、85～90mm、90～95mm和 95～100mm，结合地质资料可知，主厂房下游边墙区域分布较多Ⅲ₂、Ⅳ类围岩，围岩整体质量相对较差，因而该区域变形较大；②主厂房第Ⅳ～Ⅶ层各层开

挖完成时，上游边墙围岩最大水平位移分别为 60～65mm、70～75mm、80～85mm 和 90～95mm，整体变形程度小于下游边墙围岩；③受厂区高地应力条件影响，主厂房上下游边墙区域均出现明显的深部围岩变形。

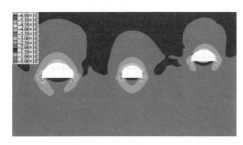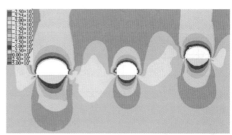

a. 第 I 层开挖完成

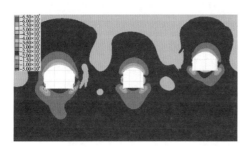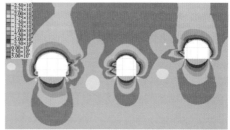

b. 第 II 层开挖完成

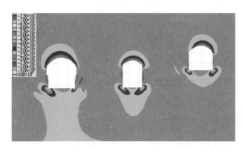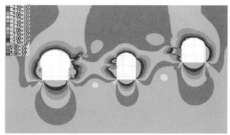

c. 第III层开挖完成

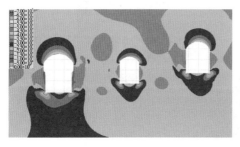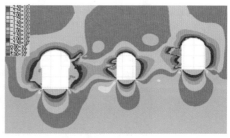

d. 第IV层开挖完成

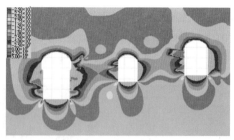

e. 第Ⅴ层开挖完成

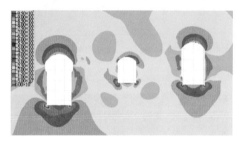
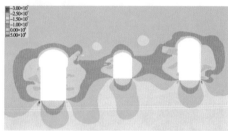

f. 第Ⅵ层开挖完成

g. 第Ⅶ层开挖完成

图 7.6　地下洞室第 Ⅰ～Ⅶ层开挖完成主应力云图（单位：Pa）

注：左图为最大主应力，右图为最小主应力

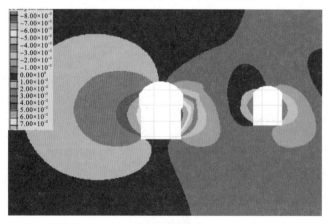

a. 第Ⅳ层开挖完成

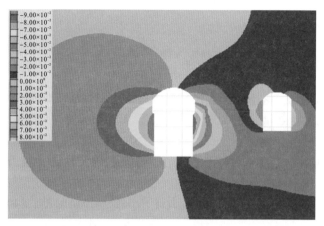

b. 第 V 层开挖完成

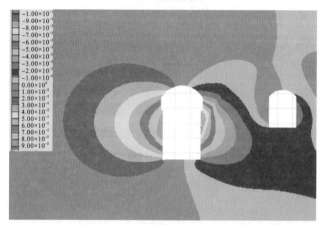

c. 第 VI 层开挖完成

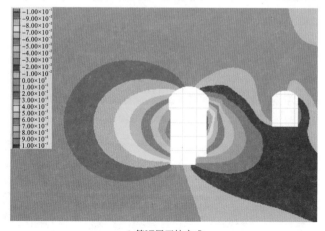

d. 第 VII 层开挖完成

图 7.7　未考虑微震损伤情况下地下洞室第 IV～VII 层开挖完成后水平位移云图(单位: m)

3.考虑微震损伤的变形特征

图 7.8 给出了考虑微震损伤情况下第Ⅳ～Ⅶ层开挖期间主厂房周围区域围岩水平位移特征,对比本节未考虑微震损伤时的围岩水平位移特征,可以看出:①与未考虑微震损伤相比,考虑微震损伤时上游边墙水平位移变化不大,各层开挖由微震损伤引起的上游边墙最大水平位移增量为 2～5mm,与上游边墙区域微震事件数量较少、震源半径较小、分布相对分散有关;②微震损伤引起的下游边墙水平位移增加明显,主厂房第Ⅳ层开挖完成时,下游边墙最大水平位移为 110～115mm,比未考虑微震损伤时增加 30～35mm;主厂房第Ⅴ层开挖完成时,下游边墙最大水平位移为 130～135mm,比未考虑微震损伤时增加 40～45mm;主厂房第Ⅵ层开挖完成时,下游边墙最大水平位移为 140～145mm,比未考虑微震损伤时增加 45～50mm;主厂房第Ⅶ层开挖完成时,下游边墙最大水平位移为 145～

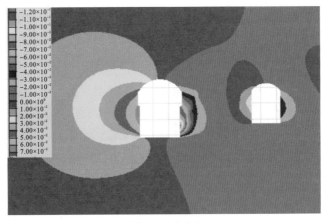

a. 第Ⅳ层开挖完成

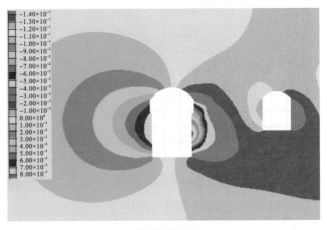

b. 第Ⅴ层开挖完成

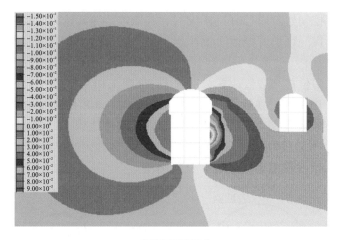

c. 第Ⅵ层开挖完成

d. 第Ⅶ层开挖完成

图 7.8　考虑微震损伤情况下地下洞室第Ⅳ～Ⅶ层开挖完成后水平位移云图(单位：m)

150mm，比未考虑微震损伤时增加 45～50mm；③主厂房Ⅳ～Ⅶ层每层开挖完成以后，由于微震损伤影响，下游边墙开挖高程附近的临空面水平位移增加同样非常明显，比未考虑微震损伤时量值增加约数毫米至数十毫米。由此可见，主厂房下游边墙区域聚集的大量破裂尺度较大的微震事件引起该区域围岩损伤严重，围岩力学参数显著降低，导致围岩的外观变形较大。

4.变形计算结果与外观监测数据对比

为验证地下洞室考虑微震损伤的围岩变形计算结果的有效性，选取主厂房下游边墙多点位移计 $M^4_{CF}3\text{-}8$ 的变形数据进行对比，多点位移计空间位置如图 7.9 所示。该多点位移计安装于主厂房 2#机组剖面下游边墙 1706.5m 高程处，安装时间为第Ⅳ层开挖初始阶段(2013 年 4 月),与微震监测起始时间较为一致,完整记录了主厂房第Ⅳ~Ⅶ层开挖期间 2#机组剖面下游边墙 1706.5m 高程围岩位移变化过程。图 7.10 为主厂房第Ⅳ~Ⅶ层开挖完成后 2#机组剖面下游边墙 1706.5m 高程多点位移计孔口位移与数值计算结果对比。从图 7.10 可以看出,采用岩体初始力学参数而不考虑微震损伤计算时,多点位移计 M^4_{CF}3-8 孔口单元的位移计算结果与实测位移有较大差别,各层开挖计算的位移差值达到 30~50mm。当考虑微震损伤进行岩体力学参数折减后变形计算时,孔口单元的位移较未考虑微震损伤时明显增加,位移量值更接近实际位移测值。

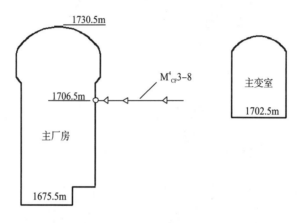

图 7.9　多点位移计 M^4_{CF}3-8 空间布置

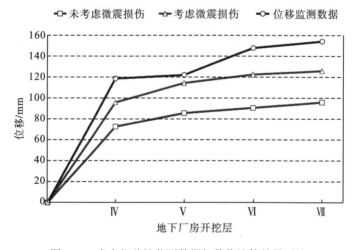

图 7.10　多点位移计监测数据与数值计算结果对比

　　综上可知,地下洞室开挖诱发的岩石微破裂可能会引起围岩较大程度的损伤,造成岩体力学性能降低,从而导致围岩较大幅度的变形增长,影响洞室施工与运行稳定性。因此，工程建设过程中，需密切关注岩体内部微破裂的萌生、发育、聚集的动态演化过程，及时采取加固措施，避免围岩损伤导致的外观变形持续增长。

7.3.3　讨论

对于如何充分利用微震参数信息定量解释围岩损伤，一直是微震监测应用领域关注和讨论的热点问题，至今仍未有统一的手段和方法。本章引入基于震源破裂尺度的损伤本构模型，考虑微震损伤效应进行地下洞室反馈分析计算是一种初步的探索性工作，以期为微震监测数据的充分运用以及与数值模拟的结合提供参考思路。反馈分析计算过程中有几个需说明的问题供探讨：

(1) 震源半径的计算方法引用了地震学理论，众所周知，地震是由断层滑移引起，震源半径的计算适用于剪切类型的破坏，对于拉伸形式破坏的微震事件，震源半径计算结果可能会有较大误差。由于本章研究区域的微震事件多聚集于主厂房下游边墙，该区域的微震事件 E_s/E_p 反映出的破坏形式以剪切破坏为主，总体适用所采用的震源半径计算方法。

(2) 本章采用的岩体损伤本构模型考虑了岩体裂隙之间的相互影响，能更好地反映岩体真实的力学参数变化，模型将裂隙岩体弹性模量均质化，具有简单适用的优点。本章假设岩体内多个微破裂方位随机分布，各个岩体计算单元被视为各向同性材料。

(3) RVE 计算单元的尺寸选取因人而异，原则上，RVE 尺寸应大于震源半径尺度，小于洞室开挖尺度。因此，在进行 RVE 的尺寸选取时，需结合工程特性和岩体破裂尺度综合分析确定。

(4) 导入的微震信息为地下厂房第 IV 层开挖之后的监测数据，而微震监测系统安装之前的洞室围岩损伤无法考虑。因此，本章着重开展了系统安装之后的围岩损伤特征研究。毫无疑问，地下厂房前期开挖卸荷诱发的微震活动对围岩稳定性的影响也不容忽视。

参 考 文 献

[1] 刘佑荣, 唐辉明. 岩体力学[M]. 武汉: 中国地质大学出版社, 1999.

[2] 宋胜武, 冯学敏, 向柏宇, 等. 西南水电高陡岩石边坡工程关键技术研究[J].岩石力学与工程学报, 2011, 30(1): 1-22.

[3] 张存慧, 刘会波, 张玲丽, 等. 金沙江乌东德水电站地下厂房洞室群围岩稳定评价及支护设计优化专题报告[R]. 武汉: 长江勘测规划设计研究院, 2015.

[4] 中国水电顾问集团华东勘测设计研究院. 金沙江白鹤滩水电站左岸引水发电系统土建及金属结构安装工程施工招标文件参考资料: 工程地质[R]. 2013.

[5] 中国水电顾问集团华东勘测设计研究院. 金沙江白鹤滩水电站右岸引水发电系统土建及金属结构安装工程施工招标文件参考资料: 工程地质[R]. 2013.

[6] 侯东奇, 杨笑天, 苏建德, 等. 四川雅砻江两河口水电站地下厂房洞室群施工期围岩稳定与开挖支护设计、施工专题报告[R]. 成都: 中国电建集团成都勘测设计研究院, 2016.

[7] 方丹, 陈建林, 张帅. 杨房沟水电站地下厂房围岩稳定分析[J]. 岩石力学与工程学报, 2013, 32(10): 2094-2099.

[8] 李良权, 方丹, 杨忠良. 地下厂房洞室群动力反应时程分析[J]. 三峡大学学报: 自然科学版, 2012, 24(3): 1-5.

[9] 刘红燕. 双江口水电站地下厂房洞群的渗流稳定性计算分析[D]. 济南: 山东大学, 2009.

[10] 国电大渡河流域水电开发有限公司. 大渡河猴子岩水电站引水发电系统工程施工招标文件技术条款: 工程地质[R]. 2011.

[11] 程丽娟, 谭可奇, 张志军. 长河坝水电站地下厂房围岩复合型变形破坏特征分析[J]. 四川水力发电, 2016, 35(1): 29-31.

[12] 张伯虎, 邓建辉, 高明忠, 等. 基于微震监测的水电站地下厂房安全性评价研究[J]. 岩石力学与工程学报, 2012, 31(5): 937-944.

[13] 赵周能, 冯夏庭, 陈炳瑞, 等. 深埋隧洞微震活动区与岩爆的相关性研究[J].岩土力学, 2013, 34(2): 491-497.

[14] Zhang C Q, Feng X T, Zhou H, et al. Case histories of four extremely intense rockbursts in deep tunnels[J]. Rock Mechanics and Rock Engineering, 2012, 45: 275-288.

[15] 黄润秋, 黄达, 段绍辉, 等. 锦屏Ⅰ级水电站地下厂施工期围岩变形开裂特征及地质力学机制研究[J]. 岩石力学与工程学报, 2011, 30(1): 23-35.

[16] 朱维申, 杨为民, 项吕, 等. 大型洞室边墙松弛劈裂区的室内和现场研究及反馈分析[J]. 岩石力学与工程学报, 2011, 30(7): 1310-1317.

[17] 李仲奎, 周钟, 汤雪峰, 等. 锦屏一级水电站地下厂房洞室群稳定性分析与思考[J]. 岩石力学与工程学报, 2009, 28(11): 2167-2175.

[18] 魏进兵, 邓建辉. 高地应力条件下大型地下厂房松动区变化规律及参数反演[J]. 岩土力学, 2010, 31(S1): 330-336.

[19] 马天辉. 地下洞室围岩稳定性分析的三维强度折减法研究及工程应用[D]. 沈阳: 东北大学, 2006.

[20] 谷德振. 岩体工程地质力学基础[M]. 北京: 科学出版社, 1979.

[21] 于学馥, 郑颖人, 刘怀恒, 等. 地下工程围岩稳定性分析[M]. 北京: 煤炭工业出版社, 1983.

[22] 王思敬, 杨志法, 刘竹华. 地下工程岩体稳定分析[M]. 北京: 科学出版社, 1984.

[23] Deere D U, Hendron A J, Patton F D, et al. Design of surface and near-surface construction in rock[A]//The 8th US Symposium on Rock Mechanics（USRMS）[C]. American Rock Mechanics Association, 1966.

[24] Bienlawski Z T. Engineering Classification of Jointed Rock Mass[J]. Transaction of the South African Institation of Civil Engineers, 1973, 15（2）: 335-344.

[25] Barton N, Lien R, Lunde J. Engineering classification of rock masses for the design of tunnel support[J]. Rock Mechanics, 1974, 6（4）: 189-236.

[26] 潘家铮. 中国水力发电工程工程地质卷[M]. 北京: 中国电力出版社, 2000.

[27] 白明洲. 大型地下洞室围岩稳定性的岩体结构控制效应研究[D]. 成都: 成都理工大学, 2000.

[28] 孙玉科, 李建国. 岩质边坡稳定性的工程地质研究[J]. 地质科学, 1965, 4: 330-352.

[29] 孙广忠. 岩体力学基础[M]. 北京: 科学出版社, 1984.

[30] 徐卫亚, 赵立永. 坝基工程岩体结构分类分数维研究[J]. 武汉水利电力大学（宜昌）学报, 1999, 21（1）: 7-10.

[31] 孙玉科. 赤平投影在岩体工程地质力学中的应用[M]. 北京: 科学出版社, 1980.

[32] 袁宝远, 杨志法, 肖树芳. 岩体结构要素分形几何研究[J]. 工程地质学报, 1998, 4: 355-361.

[33] 王明华, 杨良策, 刘汉超, 等. 大型地下洞室顶板稳定性的岩体结构控制效应[J]. 岩土力学, 2003, 24（3）: 484-487.

[34] 宋战平, 邓良胜, 王昆, 等. 岩体结构分析法及其在隧洞裂隙围岩稳定性分析中的应用研究[J]. 四川水力发电, 2004, 23（2）: 15-18.

[35] 卢波, 丁秀丽, 邬爱清, 等. 高应力硬岩地区岩体结构对地下洞室围岩稳定的控制效应研究[J]. 岩石力学与工程学报, 2012, 31（S2）: 3831-3846.

[36] 侯学渊. 地下圆形结构弹塑性理论[J]. 同济大学学报, 1982, （4）: 50-62.

[37] 孙钧, 候学渊. 地下结构(上册)[M]. 北京: 科学出版社, 1987.

[38] 肖树芳, 杨淑碧. 岩体力学[M]. 北京: 地质出版社, 1987.

[39] 孙广忠. 岩体结构力学[M]. 北京: 科学出版社, 1988.

[40] 王桂芳. 无衬砌隧道围岩应力的计算[J]. 土木工程学报, 1965, 2: 30-42.

[41] 陈子荫. 围岩力学分析中的解析方法[M]. 北京: 煤炭工业出版社, 1994.

[42] 吕爱钟, 蒋斌松. 岩石力学反问题[M]. 北京: 煤炭工业出版社, 1998.

[43] 刘保国, 杜学东. 圆形洞室围岩与结构相互作用的粘弹性解析[J]. 岩石力学与工程学报, 2004, 23（4）: 561-564.

[44] 王华宁, 曹志远. 圆形洞室动态施工中围岩粘弹时变解析分析[J]. 同济大学学报: 自然科学版, 2008, 36（1）: 17-21.

[45] 黄阜, 杨小礼. 考虑渗透力和原始 Hoek-Brown 屈服准则时圆形洞室解析解[J]. 岩土力学, 2010, 31（5）: 1627-1632.

[46] Pao Y H, Mow C C. Diffraction of Elastic Waves and Dynamic Stress Concentrations[M]. New York: Crane, Russak & Company Inc, 1973.

[47] 梁建文, 张浩. 平面 P 波入射下地下洞室群动应力集中问题解析解[J]. 岩土工程学报, 2004, 26(6): 815-819.

[48] 钱伯勤. 单孔无限域应力函数的通式[J]. 江苏力学, 1990, 6: 66-67.

[49] 王润富. 弹性力学的复变函数计算机解[J]. 河海大学学报, 1991, 2: 84-88.

[50] 王润富. 一种保角映射法及其微机实现[J]. 河海大学学报, 1991, 1: 86-90.

[51] 于学馥. 现代工程岩土力学基础[M]. 北京: 科学出版社, 1995.

[52] 朱大勇, 钱七虎, 周早生, 等. 复杂形状洞室围岩应力的弹性解析分析[J]. 岩石力学与工程学报, 1998, (4): 402-404.

[53] 朱大勇, 钱七虎, 周早生, 等. 复杂形状洞室映射函数的新解法[J]. 岩石力学与工程学报, 1999, 3: 279-282.

[54] 刘长武, 曹磊, 刘树新. 深埋非圆形地下洞室围岩应力解析分析的"当量半径"法[J]. 铜业工程, 2010, 1: 1-5.

[55] 潘别桐, 黄润秋. 工程地质数值法[M]. 北京: 地质出版社, 1994.

[56] Duncan J M, Goodman R E. Finite Element Analysis of Slopes in Jointed Rocks[R]. US Army Corps of Engineers, 1968, 1-68.

[57] Cundall P A, Strack O D L. A discrete numerical model for granular assemblies[J]. Geotechnique, 1979, 29(1): 47-65.

[58] ITASCA. FLAC Version 2.0 User's Manual[M]. Minneapolis: ICG, 1987.

[59] 朱合华, 陈清军, 杨林德. 边界元法及其在岩土工程中的应用[M]. 上海: 同济大学出版社, 1997.

[60] Burnett D S, Holford R L. An ellipsoidal acoustic infinite element[J]. Computer Methods in Applied Mechanics and Engineering, 1998, 164(1): 49-76.

[61] 周维垣, 寇晓东. 无单元法及其在岩土工程中的应用[J]. 岩土工程学报, 1998, 20(1): 5-9.

[62] Shi G H, Goodman R E. Generalization of two-dimensional dis-continuous deformation analysis for forward modeling[J]. International Journal for Numerical and Analytical Methods in Geomechanics, 1989, 13(4): 359-380.

[63] Shi G H. Discontinuous deformation analysis: a new numerical model for the statics and dynamics of deformable block structures[J]. Engineering Computations, 1992, 9(2): 157-168.

[64] Cai M, Kaiser P K, Morioka H, et al. FLAC/PFC coupled numerical simulation of AE in large-scale underground excavations[J]. International Journal of Rock Mechanics and Mining Sciences, 2007, 44(4): 550-564.

[65] 郑颖人, 徐干成. 锚喷支护洞室的弹塑性边界元——有限元耦合计算法[J]. 工程力学, 1989, 6(1): 126-135.

[66] 周蓝青. 离散单元法与边界单元法的外部耦合计算[J]. 岩石力学与工程学报, 1996, 15(3): 231-235.

[67] Coli N, Pranzini G, Alfi A, et al. Evaluation of rock-mass permeability tensor and prediction of tunnel inflows by means of geostructural surveys and finite element seepage analysis[J]. Engineering Geology, 2008, 101(3): 174-184.

[68] 李术才, 朱维申, 陈卫忠. 小浪底地下洞室群施工顺序优化分析[J]. 煤炭学报, 1996, 21(4): 393-398.

[69] Hatzor Y H, Talesnick M, Tsesarsky M. Continuous and discontinuous stability analysis of the bell-shaped caverns at Bet Guvrin, Israel[J]. International Journal of Rock Mechanics and Mining Sciences, 2002, 39(7): 867-886.

[70] 康红普. 回采巷道锚杆支护影响因素的 FLAC 分析[J]. 岩石力学与工程学报, 1999, 18(5): 534-537.

[71] 朱维申, 刘建华, 杨法玉. 小浪底水利枢纽地下厂房岩体支护效果数值分析研究[J]. 岩土力学, 2006, 27(7): 1087-1091.

[72] Cundall P A. Numerical experiments on localization in frictional material[J]. Ingenieur-Archiv, 1989, 59: 148-159.

[73] Hao Y H, Azzam R. The plastic zones and displacements around underground openings in rock masses containing a fault[J]. Tunnelling and Underground Space Technology, 2005, 20(1): 49-61.

[74] 周述达, 丁秀丽, 裴启涛, 等. 陡倾角层状岩层大型地下厂房施工期围岩变形开裂机理研究[J]. 四川大学学报（工程科学版）, 2016, 48(6): 91-99.

[75] Jing L. Formulation of discontinuous deformation analysis（DDA）—an implicit discrete element model for block systems[J]. Engineering Geology, 1998, 49(3): 371-381.

[76] 邬爱清, 丁秀丽, 陈胜宏, 等. DDA 方法在复杂地质条件下地下厂房围岩变形与破坏特征分析中的应用研究[J]. 岩石力学与工程学报, 2006, 25(1): 1-8.

[77] 位伟, 姜清辉, 周创兵. 节理面附近锚杆力学模型及其数值流形方法应用[J]. 工程力学, 2014 (11): 70-78.

[78] Castro R, Trueman R, Halim A. A study of isolated draw zones in block caving mines by means of a large 3D physical model[J]. International Journal of Rock Mechanics and Mining Sciences, 2007, 44(6): 860-870.

[79] 赵震英, 叶勇. 复杂地质条件下地下洞室围岩应力及变形模型试验研究[J]. 岩石力学与工程学报, 1989, 8(4): 297.

[80] 朱维申, 郑文华, 朱鸿鹄, 等. 棒式光纤传感器在地下洞群模型试验中的应用[J]. 岩土力学, 2010, 31(10): 3342-3347.

[81] 朱鸿鹄, 朱维申, 殷建华, 等. 地下开挖模型试验的光纤监测[J]. 中国矿业大学学报, 2010, 39(6): 826-830.

[82] 张乾兵, 朱维申, 李勇, 等. 洞群模型试验中微型多点位移计的设计及应用[J]. 岩土力学, 2011, 32(2): 623-628.

[83] 张乾兵, 朱维申, 孙林锋, 等. 数字照相量测在大型洞群模型试验中的应用研究[J]. 岩土工程学报, 2011, 32(3): 447-452.

[84] 李迪, 王德厚. 水电工程岩体安全监测的发展[J]. 岩石力学与工程学报, 2001, 20(S1): 1623-1625.

[85] 王浩, 覃卫民, 焦玉勇, 等. 大数据时代的岩土工程监测——转折与机遇[J]. 岩土力学, 2014, 35(9): 2634-2641.

[86] Martin C D, Read R S, Martino J B. Observations of brittle failure around a circular test tunnel[J]. International Journal of Rock Mechanics and Mining Sciences, 1997, 34(7): 1065-1073.

[87] Read R S. 20 years of excavation response studies at AECL's Underground Research Laboratory[J]. International Journal of Rock Mechanics and Mining Sciences, 2004, 41(8): 1251-1275.

[88] Martino J B, Chandler N A. Excavation-induced damage studies at the underground research laboratory[J]. International Journal of Rock Mechanics and Mining Sciences, 2004, 41(8): 1413-1426.

[89] Andersson J C, Martin C D. The Äspö pillar stability experiment:part I—experiment design[J]. International Journal of Rock Mechanics and Mining Sciences, 2009, 46(5): 865-878.

[90] Andersson J C, Martin C D, Stille H. The Äspö pillar stability experiment:part II—rock mass response to coupled excavation induced and thermal-induced stresses[J]. International Journal of Rock Mechanics and Mining Sciences, 2009, 46(5): 879-895.

[91] Sato T, Kikuchi T, Sugihara K. In-situ experiments on an excavation disturbed zone induced by mechanical excavation in Neogene sedimentary rock at Tono mine,central Japan[J]. Engineering Geology, 2000, 56(1): 97-108.

[92] Kim H M, Rutqvist J, Jeong J H, et al. Characterizing excavation damaged zone and stability of pressurized lined rock caverns for underground compressed air energy storage[J]. Rock mechanics and rock engineering, 2013, 46(5): 1113-1124.

[93] Li S J, Feng X T, Li Z H, et al. Evolution of fractures in the excavation damaged zone of a deeply buried tunnel during TBM construction[J]. International Journal of Rock Mechanics and Mining Sciences, 2012, 55: 125-138.

[94] Li S J, Feng X T, Li Z H, et al. In situ experiments on width and evolution characteristics of excavation damaged zone in deeply buried tunnels[J]. Science China Technological Sciences, 2011, 54(1): 167-174.

[95] 李邵军, 冯夏庭, 张春生, 等. 深埋隧洞 TBM 开挖损伤区形成与演化过程的数字钻孔摄像观测与分析[J]. 岩石力学与工程学报, 2010, 29(6): 1106-1112.

[96] 李术才, 王汉鹏, 钱七虎, 等. 深部巷道围岩分区破裂化现象现场监测研究[J]. 岩石力学与工程学报, 2008, 27(8): 1545-1553.

[97] 黄秋香, 邓建辉, 苏鹏云, 等. 瀑布沟水电站地下厂房洞室群施工期围岩位移特征分析[J]. 岩石力学与工程学报, 2011, 30(S1): 3032-3042.

[98] 费文平, 张建美, 崔华丽, 等. 深部地下洞室施工期围岩大变形机制分析[J]. 岩石力学与工程学报, 2012, 31(S1): 2783-2787.

[99] Shi G H, Goodman R E. A new concept for support of underground and surface excavation in discontinuous rocks based on a keystone principle[A]//Pro. 22th U.S. Symposium on Rock Mechanics[C], 1981: 310-316.

[100] Goodman R E, Shi G H. Block Theory and Its Application to Rock Engineering[M]. New Jersey: Prentice-Hall, Inc., 1985.

[101] Kuszmaul J S. Estimating keyblock sizes in underground excavations: accounting for joint set spacing[J]. International Journal of Rock Mechanics and Mining Sciences, 1999, 36(2): 217-232.

[102] Diederichs M S, Kaiser P K. Stability of large excavations in laminated hard rock masses: the voussoir analogue revisited[J]. International Journal of Rock Mechanics and Mining Sciences, 1999, 36(1): 97-117.

[103] 裴觉民, 石根华, Goodman R E. 水电站地下厂房洞室的关键块体分析[J]. 岩石力学与工程学报, 1990, 9(1): 11-21.

[104] 干昆蓉. "块体理论" 在金川高应力区碎裂岩体巷道工程地质预报中的应用[J]. 隧道建设, 1993, 3: 32-39.

[105] 臧士勇. 块体理论及其在采场巷道稳定性分析中的应用[J]. 昆明理工大学学报: 理工版, 1997, 22(4): 9-15.

[106] 谢良甫, 晏鄂川, 季惠彬. 地下水封洞库围岩块体失稳矢量分析方法研究[J]. 长江科学院院报, 2012, 29(6): 48-51.

[107] 苏永华, 姚爱军, 刘晓明. 裂隙化硬岩洞室围岩失稳分析方法[J]. 岩土力学, 2004, 25(7): 1085-1088.

[108] 刘彬. 赤平投影在围岩稳定性分析中的应用[J]. 工程地质计算机应用, 2011, (4): 33-42.

[109] 刘宁, 吴海斌, 方军. 地下洞室围岩可靠度的敏感性计算[J]. 岩石力学与工程学报, 2000, 19(S1): 946-951.

[110] 陈建康, 朱殿芳, 赵文谦, 等. 基于响应面法的地下洞室结构可靠度分析[J]. 岩石力学与工程学报, 2005, 24(2): 351-356.

[111] 毕继红, 张鹏飞, 杜玉东. 大型地下洞室施工过程中的可靠性分析[J]. 岩土力学, 2007, 28(11): 2415-2420.

[112] 符文熹, 胡静, 廖昇, 等. 基于 Hoek-Brown 经验公式的岩体稳定性可靠度分析[J]. 岩土力学, 2009, 30(S2): 214-218.

[113] 冯玉国. 灰色优化理论模型在地下工程围岩稳定性分类中的应用[J]. 岩土工程学报, 1996, 18(3): 62-66.

[114] 张建龙, 谢谟文. 围岩失稳的灰色预报[J]. 武汉水利电力大学学报, 1998, 31(4): 43-46.

[115] 冯夏庭. 地下采矿方法合理识别的人工神经网络模型[J]. 金属矿山, 1994, (3): 7-11.

[116] 黄修云, 曹国安, 张清. 人工神经元网络在地下工程预测中的应用[J]. 北方交通大学学报, 1998, 22(1): 39-43.

[117] 杨朝晖, 刘浩吾. 地下工程围岩稳定性分类的人工神经网络模型[J]. 四川联合大学学报: 工程科学版, 1999, 3(4): 66-72.

[118] 谭以安. 水利水电工程中洞室围岩稳定的模糊数学综合评判方法[J]. 水利水电技术, 1987, 2: 3-7.

[119] 盛继亮. 地下工程围岩稳定性模糊综合评价模型研究[J]. 岩石力学与工程学报, 2003, 22(S1): 2418-2418.

[120] 许传华, 任青文. 地下工程围岩稳定性的模糊综合评判法[J]. 岩石力学与工程学报, 2004, 23(11): 1852-1855.

[121] 徐奴文, 唐春安, 沙椿, 等. 锦屏一级水电站左岸边坡微震监测系统及其工程应用[J]. 岩石力学与工程学报, 2010, 29(5): 915-925.

[122] Mendecki A J. Seismic Monitoring in Mines[M]. London: Chapman and Hall Press, 1996.

[123] 李彪, 戴峰, 徐奴文, 等. 深埋地下厂房微震监测系统及其工程应用[J]. 岩石力学与工程学报, 2014, 33(S1): 3375-3383.

[124] Mendecki A J. Real time quantitative seismology in mines[A] // Rockbursts and Seismicity in Mines, Balkema, Rotterdam[C], 1993: 287-295.

[125] Mendecki A J. Principles of monitoring seismic rockmass response to mining[A]//Rockbursts and Seismicity in Mines, Proceedings of the 4th International Symposium on Rockbursts and Seismicity in Mines[C]. Kracow, Poland. Balkema, 1997: 11-14.

[126] Mendecki A J. Data-driven understanding of seismic rock mass response to mining[A]//Proceedings of the 5th International Symposium on Rockbursts and Seismicity in Mines (RaSiM5)[C]. Johannesburg, South Africa:[sn], 2001: 1-9.

[127] Funk C, van ASWEGAN G, Brown B. Visualisation of seismicity[A]//Proceedings of the 4th International Symposium on Rockbursts and Seismicity in Mines[C]. Rotterdam: AA Balkema, 1997: 81-87.

[128] Lynch R A, Mendecki A J. High-resolution seismic monitoring in mines[A] // Rockbursts and Seismicity in Mines-RaSiM5[C], 2001: 19-24.

[129] Kaiser P K, Vasak P, Suorineni F T, et al. New dimensions in seismic data interpretation with 3-D virtual reality visualization for burst-prone mines[A] // Controlling Seismic Risk[C], 2005: 34-45.

[130] 李世愚, 和雪松, 张少泉, 等. 矿山地震监测技术的进展及最新成果[J]. 地球物理学进展, 2004, 19(4): 853-859.

[131] 刘建坡, 李元辉, 赵兴东, 等. 微震技术在深部矿山地压监测中的应用[J]. 金属矿山, 2008, (5): 125-128.

[132] Ortlepp W D. RaSiM comes of age—a review of the contribution to the understanding and control of mine rockbursts[A]//Proceedings of the Sixth International Symposium on Rockburst and Seismicity in Mines, Perth, Western Australia[C], 2005: 9-11.

[133] Potvin Y, Hudyma M. Seismic monitoring in highly mechanized hardrock mines in Canada and Australia[A]// Keynote Address in the Proceedings of the Fifth International Symposium on Rockburst and Seismicity in Mines (RaSiM5)[C], 2001: 267-280.

[134] Young R P, Hutchins D A, McGaughey J, et al. Geotomographic imaging in the study of mining induced seismicity[J]. PAGEOPH, 1989, 129(3/4): 571-596.

[135] Young R P, Collins D S, Reyes-Montes J M, et al. Quantification and interpretation of seismicity[J]. International Journal of Rock Mechanics and Mining Sciences, 2004, 41(8): 1317-1327.

[136] Trifu C I, Urbancic T I, Young R P. Source parameters of mining-induced seismic events: an evaluation of homogeneous and inhomogeneous faulting models for assessing damage potential[J]. Pure and Applied Geophysics, 1995, 145(1): 3-27.

[137] Trifu C I, Shumila V. Microseismic monitoring of a controlled collapse in Field II at Ocnele Mari, Romania[J]. Pure and Applied Geophysics, 2010, 167(1-2): 27-42.

[138] Urbancic T I, Trifu C I. Recent advances in seismic monitoring technology at Canadian mines[J]. Journal of Applied Geophysics, 2000, 45(4): 225-237.

[139] Lynch R A, Wuite R, Smith B S, et al. Micro-seismic monitoring of open pit slopes[A]//Proceedings of the 6th Symposium on Rockbursts and Seismicity in Mines, Perth, Australia[C], 2005: 581-592.

[140] Kaiser P K. Seismic hazard evaluation in underground construction[A]//Proceedings of Seventh International Symposium on Rock burst and Seismicity in Mines[C], 2009: 20-23.

[141] Leśniak A, Isakow Z. Space–time clustering of seismic events and hazard assessment in the Zabrze-Bielszowice coal mine, Poland[J]. International Journal of Rock Mechanics and Mining Sciences, 2009, 46(5): 918-928.

[142] Hudyma M. Analysis and Interpretation of Clusters of Seismic Events in Mines[D]. Perth: University of Western Australia, 2009.

[143] Hudyma M, Potvin Y H. An engineering approach to seismic risk management in hardrock mines[J]. Rock Mechanics and Rock Engineering, 2010, 43(6): 891-906.

[144] Denlinger R P, Bufe C G. Reservoir conditions related to induced seismicity at the Geysers steam reservoir, northern California[J]. Bulletin of the Seismological Society of America, 1982, 72(4): 1317-1327.

[145] Rutledge J T, Phillips W S. Hydraulic stimulation of natural fractures as revealed by induced microearthquakes, Carthage Cotton Valley gas field, east Texas[J]. Geophysics, 2003, 68(2): 441-452.

[146] Maxwell S C, Rutledge J, Jones R, et al. Petroleum reservoir characterization using downhole microseismic monitoring[J]. Geophysics, 2010, 75(5): 75A129-75A137.

[147] Grechka V, Mazumdar P, Shapiro S A. Predicting permeability and gas production of hydraulically fractured tight sands from microseismic data[J]. Geophysics, 2010, 75(1): B1-B10.

[148] Majer E L, McEvilly T V. Seismological investigations at The Geysers geothermal field[J]. Geophysics, 1979, 44(2): 246-269.

[149] Albright J N, Pearson C F. Acoustic emissions as a tool for hydraulic fracture location: experience at the Fenton Hill Hot Dry Rock site[J]. Society of Petroleum Engineers Journal, 1982, 22(04): 523-530.

[150] Sasaki S. Characteristics of microseismic events induced during hydraulic fracturing experiments at the Hijiori hot dry rock geothermal energy site, Yamagata, Japan[J]. Tectonophysics, 1998, 289(1): 171-188.

[151] Tezuka K, Niitsuma H. Stress estimated using microseismic clusters and its relationship to the fracture system of the

Hijiori hot dry rock reservoir[J]. Engineering Geology, 2000, 56(1): 47-62.

[152] Hong J S, Lee H S, Lee D H, et al. Microseismic event monitoring of highly stressed rock mass around underground oil storage caverns[J]. Tunnelling and Underground Space Technology, 2006, 21:3-4.

[153] Oye V, Aker E, Daley T M, et al. Microseismic monitoring and interpretation of injection data from the In Salah CO_2 storage site (Krechba), Algeria[J]. Energy Procedia, 2013, 37: 4191-4198.

[154] Stork A L, Verdon J P, Kendall J M. Assessing the effect of velocity model accuracy on microseismic interpretation at the In Salah carbon capture and storage site[J]. Energy Procedia, 2014, 63: 4385-4393.

[155] Takagishi M, Hashimoto T, Horikawa S, et al. Microseismic monitoring at the large-scale CO_2 injection site, Cranfield, MS, USA[J]. Energy Procedia, 2014, 63: 4411-4417.

[156] Stork A L, Verdon J P, Kendall J M. The microseismic response at the In Salah Carbon Capture and Storage (CCS) site[J]. International Journal of Greenhouse Gas Control, 2015, 32: 159-171.

[157] Martin C D, Read R S. AECL's Mine-by experiment: a test tunnel in brittle rock[A]//Proceedings of the Second North American Rock Mech[C]. Symposium, 1996, 2: 13-24.

[158] Emsley S, Olsson O, Stenberg L, et al. ZEDEXF-a Study of Damage and Disturbance From Tunnel Excavation by Blasting and Tunnel Boring[R]. Swedish Nuclear Fuel and Waste Management Co., 1997.

[159] Cai M, Kaiser P K, Martin C D. A tensile model for the interpretation of microseismic events near underground openings[J]. Pure and Applied Geophysics, 1998, 153: 67-92.

[160] Cai M, Kaiser P K, Martin C D. Quantification of rock mass damage in underground excavations from microseismic event monitoring[J]. International Journal of Rock Mechanics and Mining Sciences, 2001, 38(8): 1135-1145.

[161] Cai M, Kaiser P K. Assessment of excavation damaged zone using a micromechanics model[J]. Tunnelling and Underground Space Technology, 2005, 20(4): 301-310.

[162] 刘国清. 基于声发射的岩土工程灾害微震监测系统[J]. 采矿技术, 2005, 5(1): 30-35.

[163] 唐春安. 矿山动力灾害前兆规律及微震监测分析技术研究[R]. 北京: 国家能源局, 2006.

[164] 李庶林, 尹贤刚, 郑文达, 等. 凡口铅锌矿多通道微震监测系统及其应用研究[J]. 岩石力学与工程学报, 2005, 24(12): 2048-2053.

[165] 姜福兴, Xun L. 微震监测技术在矿井岩层破裂监测中的应用[J]. 岩土工程学报, 2002, 24(2): 147-149.

[166] 姜福兴, Xun L. 杨淑华. 采场覆岩空间破裂与采动应力场的微震探测研究[J]. 岩土工程学报, 2003, 25(1): 23-25.

[167] 姜福兴, 杨淑华, 成云海, 等. 煤矿冲击地压的微地震监测研究[J]. 地球物理学报, 2006, 49(5): 1511-1516.

[168] 姜福兴, 王存文, 杨淑华, 等. 冲击地压及煤与瓦斯突出和透水的微震监测技术[J]. 煤炭科学技术, 2007, 35(1): 26-28.

[169] 姜福兴, 叶根喜, 王存文, 等. 高精度微震监测技术在煤矿突水监测中的应用[J]. 岩石力学与工程学报, 2008, 27(9): 1932-1938.

[170] 成云海, 姜福兴, 程久龙, 等. 关键层运动诱发矿震的微震探测初步研究[J]. 煤炭学报, 2006, 31(3): 273-277.

[171] 成云海, 姜福兴, 张兴民, 等. 微震监测揭示的 C 型采场空间结构及应力场[J]. 岩石力学与工程学报, 2007, 26(1): 102-107.

[172] 苗小虎, 姜福兴, 王存文, 等. 微地震监测揭示的矿震诱发冲击地压机理研究[J]. 岩土工程学报, 2011, 33(6): 971-975.

[173] 朱斯陶, 姜福兴, 李先锋, 等. 深井特厚煤层综放工作面断层活化规律研究[J]. 岩石力学与工程学报, 2016, 35(1): 50-58.

[174] 唐礼忠, 潘长良, 杨承祥, 等. 冬瓜山铜矿微震监测系统及其应用研究[J]. 金属矿山, 2006, 10: 41-44.

[175] 唐礼忠, 杨承祥, 潘长良. 大规模深井开采微震监测系统站网布置优化[J]. 岩石力学与工程学报, 2006, 25(10): 2036-2042.

[176] 唐礼忠, Xia K W, 李夕兵. 矿山地震活动多重分形特性与地震活动性预测[J]. 岩石力学与工程学报, 2010, 29(9): 1818-1824.

[177] 唐礼忠, 汪令辉, 张君, 等. 大规模开采矿山地震视应力和变形与区域性危险地震预测[J]. 岩石力学与工程学报, 2011, 30(6): 1168-1178.

[178] 杨承祥, 罗周全, 唐礼忠. 基于微震监测技术的深井开采地压活动规律研究[J]. 岩石力学与工程学报, 2007, 26(4): 818-824.

[179] 窦林名, 贺虎. 煤矿覆岩空间结构 OX-FT 演化规律研究[J]. 岩石力学与工程学报, 2012, 31(3): 453-460.

[180] 巩思园, 窦林名, 马小平, 等. 提高煤矿微震定位精度的台网优化布置算法[J]. 岩石力学与工程学报, 2012, 31(1): 8-17.

[181] 吕长国, 窦林名, 何江, 等. 桃山煤矿 SOS 微震监测系统建设及应用研究[J]. 中国煤炭, 2010, 11: 86-90.

[182] 陆菜平, 窦林名, 曹安业, 等. 深部高应力集中区域矿震活动规律研究[J]. 岩石力学与工程学报, 2008, 27(11): 2302-2308.

[183] 陆菜平, 窦林名, 吴兴荣, 等. 煤岩冲击前兆微震频谱演变规律的试验与实证研究[J]. 岩石力学与工程学报, 2008, 27(3): 519-525.

[184] Lu C P, Dou L M, Zhang N, et al. Microseismic frequency-spectrum evolutionary rule of rockburst triggered by roof fall[J]. International Journal of Rock Mechanics and Mining Sciences, 2013, 64(6): 6-16.

[185] 潘一山, 赵扬锋, 官福海, 等. 矿震监测定位系统的研究及应用[J]. 岩石力学与工程学报, 2007, 26(5): 1002-1011.

[186] 郄绍丹, 潘一山. 矿山微震定位方法及应用研究[J]. 煤矿开采, 2007, 12(5): 1-4.

[187] 许大为, 潘一山, 李国臻, 等. 基于小波变换的矿山微震信号滤波方法研究[J]. 矿业工程, 2007, 5(2): 66-68.

[188] 赵兴东, 唐春安, 李元辉, 等. 基于微震监测及应力场分析的冲击地压预测方法[J]. 岩石力学与工程学报, 2005, 24(1): 4745-4549.

[189] 赵兴东, 石长岩, 刘建坡, 等. 红透山铜矿微震监测系统及其应用[J]. 东北大学学报: 自然科学版, 2008, 29(3): 399-402.

[190] 刘超, 唐春安, 李连崇, 等. 基于背景应力场与微震活动性的注浆帷幕突水危险性评价[J]. 岩石力学与工程学报, 2009, 28(2): 366-372.

[191] 刘超, 唐春安, 张省军, 等. 微震监测系统在张马屯帷幕区域的应用研究[J]. 采矿与安全工程学报, 2009, 26(3): 349-353.

[192] Xu N W, Tang C A, Li L C, et al. Microseismic monitoring and stability analysis of the left bank slope in Jinping first stage hydropower station in southwestern China[J]. International Journal of Rock Mechanics and Mining Sciences, 2011, 48(6): 950-963.

[193] Xu N W, Tang C A, Li H, et al. Excavation-induced microseismicity: microseismic monitoring and numerical simulation[J]. Journal of Zhejiang University SCIENCE A, 2012, 13(6): 445-460.

[194] Xu N W, Dai F, Liang Z Z, et al. The dynamic evaluation of rock slope stability considering the effects of microseismic damage[J]. Rock Mechanics and Rock Engineering, 2014, 47(2): 621-642.

[195] Xu N W, Dai F, Sha C, et al. Microseismic signal characterization and numerical simulation of concrete beam subjected to three-point bending fracture[J]. Journal of Sensors, 2015, 987232: 1-11.

[196] Xu N W, Li T B, Dai F, et al. Microseismic monitoring of strainburst activities in deep tunnels at the Jinping II hydropower station, China[J]. Rock Mechanics and Rock Engineering, 2016, 49(3): 981-1000.

[197] 徐奴文, 唐春安, 周钟, 等. 岩石边坡潜在失稳区域微震识别方法[J]. 岩石力学与工程学报, 2011, 30(5): 893-900.

[198] 徐奴文, 唐春安, 周钟, 等. 基于三维数值模拟和微震监测的水工岩质边坡稳定性分析[J]. 岩石力学与工程学报, 2013, 32(7): 1373-1381.

[199] 徐奴文, 梁正召, 唐春安, 等. 基于微震监测的岩质边坡稳定性三维反馈分析[J]. 岩石力学与工程学报, 2014, (S1): 3093-3104.

[200] 徐奴文, 李术才, 戴峰, 等. 岩质边坡微震活动特征及其施工响应分析[J]. 岩石力学与工程学报, 2015, 34(5): 968-978.

[201] Chen B R, Li Q P, Feng X T, et al. Microseismic monitoring of columnar jointed basalt fracture activity: a trial at the Baihetan Hydropower Station, China[J]. Journal of Seismology, 2014, 18(4): 773-793.

[202] Chen B R, Feng X T, Li Q P, et al. Rock burst intensity classification based on the radiated energy with damage intensity at Jinping II hydropower station, China[J]. Rock Mechanics and Rock Engineering, 2015, 48(1): 289-303.

[203] Feng G L, Feng X T, Chen B R, et al. Microseismic sequences associated with rockbursts in the tunnels of the Jinping II hydropower station[J]. International Journal of Rock Mechanics and Mining Sciences, 2015, 80: 89-100.

[204] Feng G L, Feng X T, Chen B, et al. A microseismic method for dynamic warning of rockburst development processes in tunnels[J]. Rock Mechanics and Rock Engineering, 2015, 48(5): 2061-2076.

[205] Feng X T, Yu Y, Feng G L, et al. Fractal behaviour of the microseismic energy associated with immediate rockbursts in deep, hard rock tunnels[J]. Tunnelling and Underground Space Technology, 2016, 51: 98-107.

[206] 陈炳瑞, 冯夏庭, 李庶林, 等. 基于粒子群算法的岩体微震源分层定位方法[J]. 岩石力学与工程学报, 2009, 28(4): 740-749.

[207] 陈炳瑞, 冯夏庭, 曾雄辉, 等. 深埋隧洞 TBM 掘进微震实时监测与特征分析[J]. 岩石力学与工程学报, 2011, 30(2): 275-283.

[208] 冯夏庭, 陈炳瑞, 明华军, 等. 深埋隧洞岩爆孕育规律与机制: 即时型岩爆[J]. 岩石力学与工程学报, 2012, 31(3): 433-444.

[209] 陈炳瑞, 冯夏庭, 明华军, 等. 深埋隧洞岩爆孕育规律与机制: 时滞型岩爆[J]. 岩石力学与工程学报, 2012, 31(3): 561-569.

[210] 明华军, 冯夏庭, 陈炳瑞, 等. 基于矩张量的深埋隧洞岩爆机制分析[J]. 岩土力学, 2013, 34(1): 163-172.

[211] 于洋, 冯夏庭, 陈炳瑞, 等. 深埋隧洞不同开挖方式下即时型岩爆微震信息特征及能量分形研究[J]. 岩土力

学, 2013, 34(9): 2622-2628.

[212] 丰光亮, 冯夏庭, 陈炳瑞, 等. 白鹤滩柱状节理玄武岩隧洞开挖微震活动时空演化特征[J]. 岩石力学与工程学报, 2015, 34(10): 1967-1975.

[213] 赵周能, 冯夏庭, 肖亚勋, 等. 不同开挖方式下深埋隧洞微震特性与岩爆风险分析[J]. 岩土工程学报, 2016, 38(5): 867-876.

[214] 张伯虎, 邓建辉, 周志辉, 等. 大岗山水电站厂房断层控制区域微震监测分析[J]. 岩土力学, 2012, 33(S2): 213-218.

[215] 程丽娟, 李治国, 王金生, 等. 四川省大渡河猴子岩水电站地下厂房主洞室围岩加强支护措施设计报告[R]. 成都: 中国电建集团成都勘测设计研究院有限公司, 2014.

[216] Xu N W, Li T B, Dai F, et al. Microseismic monitoring and stability evaluation for the large scale underground caverns at the Houziyan hydropower station in Southwest China[J]. Engineering Geology, 2015, 188: 48-67.

[217] 武振华. 露天转地下开采微震监测系统的构建与应用研究[D]. 沈阳: 东北大学, 2010.

[218] ESG 微震监测系统传感器说明书. ESG Canada Inc. www.esg.ca.

[219] 郑超. 基于微震监测数据的矿山岩体强度参数表征方法研究[D]. 沈阳: 东北大学, 2013.

[220] 李楠. 微震震源定位的关键因素作用机制及可靠性研究[D]. 北京: 中国矿业大学, 2014.

[221] 徐奴文. 高陡岩质边坡微震监测与稳定性分析研究[D]. 大连: 大连理工大学, 2011.

[222] 牟宗龙, 窦林名, 巩思园, 等. 矿井SOS微震监测网络优化设计及震源定位误差数值分析[J]. 煤矿开采, 2009, 14(3): 8-12.

[223] 唐礼忠. 深井矿山地震活动与岩爆监测及预测研究[D]. 长沙: 中南大学, 2008.

[224] 徐奴文, 李彪, 戴峰, 等. 基于微震监测的顺层岩质边坡开挖稳定性分析[J]. 岩石力学与工程学报, 2016, 35(10): 2089-2097.

[225] Spencer C, Gubbins D. Traveltime inversion for simultaneous earthquake location and velocity determination in laterally varying media[J]. Geophysical Journal of the Royal Astronomical Society, 2010, 63(1): 95-116.

[226] Pavlis G L, Booker J R. The mixed discrete-continuous inverse problem: Application to the simultaneous determination of earthquake hypocenters and velocity structure[J]. Journal of Geophysical Research Solid Earth, 1980, 85(B9): 4801-4810.

[227] 刘福田. 震源位置和速度结构的联合反演(Ⅰ)——理论和方法[J]. 地球物理学报, 1984, 27(2): 167-175.

[228] 刘杰, 郑斯华, 黄玉龙. 利用遗传算法反演非弹性衰减系数、震源参数和场地响应[J]. 地震学报, 2003, 25(2): 211-218.

[229] 高永涛, 吴庆良, 吴顺川, 等. 基于误差最小原理的微震震源参数反演[J]. 中南大学学报自然科学版, 2015, (8): 3054-3060.

[230] 廉超, 李胜乐, 董曼, 等. 球面交切法地震定位[J]. 大地测量与地球动力学, 2006, 26(2): 99-103.

[231] Inglada V. The calculation of the stove coordinates of a Nahbebens[J]. Gerlands Beitrage Zur Geophysik, 1928, 19: 73-98.

[232] Leighton F, Blake W. Rock noise source location techniques[J]. Rocks, 1970, (7432).

[233] Thurber C H. Nonlinear earthquake location: theory and examples[J]. Bulletin of the Seismological Society of America, 1985, 75(3): 779-790.

[234] 赵珠, 曾融生. 一种修定震源参数的方法[J]. 地球物理学报, 1987, 30(4):379-388.

[235] 王洪体, 陈阳, 庄灿涛. 基于浮点遗传算法的近震定位方法[J]. 地震, 2006, 26(2):12-18.

[236] 张华, 张忠利, 姚宏, 等. 基于遗传算法的大厂矿区地震定位研究[J]. 工程地球物理学报, 2014, 11(2):260-265.

[237] 陈炳瑞, 冯夏庭, 李庶林, 等. 基于粒子群算法的岩体微震源分层定位方法[J]. 岩石力学与工程学报, 2009, 28(4):740-749.

[238] 董陇军, 李夕兵, 唐礼忠, 等. 无需预先测速的微震震源定位的数学形式及震源参数确定[J]. 岩石力学与工程学报, 2011, 30(10):2057-2067.

[239] 李健, 高永涛, 谢玉玲, 等. 基于无需测速的单纯形法微地震定位改进研究[J]. 岩石力学与工程学报, 2014, 33(7):1336-1346.

[240] 郭亮, 戴峰, 徐奴文, 等. 基于 MSFM 的复杂速度岩体微震定位研究[J]. 岩石力学与工程学报, 2017, 36(2):394-406.

[241] Feng G L, Feng X T, Chen B R, et al. Sectional velocity model for microseismic source location in tunnels[J]. Tunnelling and Underground Space Technology, 2015, 45(45):73-83.

[242] 巩思园, 窦林名, 马小平, 等. 煤矿矿震定位中异向波速模型的构建与求解[J]. 地球物理学报, 2012, 55(5):1757-1763.

[243] Cerveny V. Seismic Ray Theory[M]. Cambridge: Cambridge University Press, 2001.

[244] Chapman C. Fundamentals of Seismic Wave Propagation[M]. Cambridge: Cambridge University Press, 2004.

[245] 刘斌. 地震学原理与应用[M]. 北京: 中国科学技术大学出版社, 2009.

[246] Um J, Thurber C. A fast algorithm for two-point seismic ray tracing[J]. Bulletin of the Seismological Society of America, 1987, 77(3):972-986.

[247] Langan R T, Lerche I, Cutler R T. Tracing of rays through heterogeneous media: an accurate and efficient procedure[J]. Geophysics, 1985, 50(9): 1456-1465.

[248] 马争鸣, 李衍达. 二步法射线追踪[J]. 地球物理学报, 1991, 34(4):501-508.

[249] 高尔根, 徐果明. 二维速度随机分布逐步迭代射线追踪方法[J]. 地球物理学报, 1996,(s1):302-308.

[250] 高尔根, 蒋先艺. 三维结构下逐段迭代射线追踪方法[J]. 石油地球物理勘探, 2002, 37(1): 11-16.

[251] 徐涛. 三维复杂介质的块状建模和试射射线追踪[J]. 地球物理学报, 2004, 47(6): 1118-1126.

[252] 李强. 基于程函方程快速行进法地震走时成像方法研究[D]. 西安: 长安大学, 2012.

[253] Julian B R, Gubbins D. Three-dimensional seismic ray tracing[J]. J. Geophys, 1977, 43(1): 95-114.

[254] Xu T, Zhang Z, Gao E, et al. Segmentally iterative ray tracing in complex 2D and 3D heterogeneous block models[J]. Bulletin of the Seismological Society of America, 2010, 100(2): 841-850.

[255] 王东鹤, 陈祖斌, 刘昕, 等. 地震波射线追踪方法研究综述[J]. 地球物理学进展, 2016, 31(1): 344-353.

[256] Cheng N, House L. Minimum traveltime calculation in 3-D graph theory[J]. Geophysics, 1996, 61(6): 1895-1898.

[257] Zhao A, Zhang Z, Teng J. Minimum travel time tree algorithm for seismic ray tracing: improvement in efficiency[J]. Journal of Geophysics and Engineering, 2004, 1(4): 245.

[258] Bai C Y. Three dimensional seismic kinematic inversion with application to reconstruction of the velocity structure

of Rabaul volcano[D]. Adelaide: The University of Adelaide, 2004.

[259] 张建中, 陈世军, 徐初伟. 动态网络最短路径射线追踪[J]. 地球物理学报, 2004, 47(5): 899-904.

[260] 卞爱飞, 於文辉. 三维最短路径法射线追踪及改进[J]. 天然气工业, 2006, 26(5):43-45.

[261] Vidale J. Finite-difference calculation of travel times[J]. Bulletin of the Seismological Society of America, 1988, 78(6): 2062-2076.

[262] Vidale J E. Finite-difference calculation of traveltimes in three dimensions[J]. Geophysics, 1990, 55(5): 521-526.

[263] 李文杰, 魏修成, 宁俊瑞,等. 一种改进的利用程函方程计算旅行时的方法[J]. 石油地球物理勘探, 2008, 43(5):589-594.

[264] Sethian J A. A fast marching level set method for monotonically advancing fronts[J]. Proceedings of the National Academy of Sciences,1996,93(4): 1 591-1 595.

[265] Van Trier J, Symes W W. Upwind finite-difference calculation of traveltimes[J]. Geophysics, 1991, 56(6): 812-821.

[266] Podvin P, Lecomte I. Finite difference computation of traveltimes in very contrasted velocity models: a massively parallel approach and its associated tools[J]. Geophysical Journal International, 1991, 105(1):271–284.

[267] Kim S. Eno-dno-ps: a stable, second-order accuracy eikonal solver[A]//SEG Technical Program Expanded Abstracts 1999[C]. Society of Exploration Geophysicists, 1999: 1747-1750.

[268] Chopp D L. Some improvements of the Fast Marching Method[J]. Siam Journal on Scientific Computing, 2001, 23(1):230-244.

[269] Zhao H. A fast sweeping method for Eikonal equations[J]. Mathematics of Computation, 2005, 74(250):603-627.

[270] 李庆春,李永博,叶佩. 分区多步快速行进法射线路径计算方法[A]//中国地球物理学会第二十八届年会[C], 2012:570.

[271] Hassouna M S, Farag A A. MultiStencils Fast Marching Methods: a highly accurate solution to the eikonal equation on cartesian domains[J]. Pattern Analysis & Machine Intelligence IEEE Transactions, 2007, 29(9):1563-1574.

[272] Rawlinson N, Kennett B L N, Heintz M. Insights into the structure of the upper mantle beneath the Murray Basin from 3D teleseismic tomography[J]. Australian Journal of Earth Sciences, 2006, 53(4): 595-604.

[273] Popovici A M, Sethian J A. 3-D imaging using higher order fast marching traveltimes[J]. Geophysics, 2002, 67(2): 604-609.

[274] Rawlinson N, Sambridge M. Multiple reflection and transmission phases in complex layered media using a multistage fast marching method[J]. Geophysics, 2004, 69(5): 1338-1350.

[275] 卢回忆, 刘伊克, 常旭. 基于 MSFM 的复杂近地表模型走时计算[J]. 地球物理学报, 2013, 56(9):3100-3108.

[276] 吴有亮. 复杂构造地区三维微地震监测技术研究及在工程中应用[D]. 成都: 成都理工大学, 2007.

[277] Trifu C I, Shumila V. Geometrical and inhomogeneous raypath effects on the characterization of open-pit seismicity[A]//44th US Rock Mechanics Symposium and 5th US-Canada Rock Mechanics Symposium[C]. American Rock Mechanics Association, 2010.

[278] Klein F W. User's Guide to HYPOINVERSE, A Program for VAX Computers to Solve for Earthquake Locations and Magnitudes[R]. NY: US Geological Survey, 1989.

[279] Lee W H K, Lahr J C. HYPO71: A Computer Program for Determining Hypocenter, Magnitude, and First Motion Pattern of Local Earthquakes[R]. NY: US Geological Survey, 1972.

[280] Nelson G D, Vidale J E. Earthquake locations by 3-D finite-difference travel times[J]. Bulletin of the Seismological Society of America, 1990, 80(2): 395-410.

[281] 陈怀琛. 数字信号处理教程——MATLAB 释义与实现[M]. 北京: 电子工业出版社, 2013.

[282] 胡昌华, 张军波, 夏军, 等. 基于 MATLAB 的系统分析与设计——小波分析[M]. 西安: 西安电子科技大学出版社, 2000.

[283] Gabor D. Theory of communication [J]. Journal of Institute for Electrical Engineering. 1946, 93: 429-457.

[284] Morlet J, Aerns G, Fourgeau E, et al. Wave propagation and sampling theory-part Ⅰ: Complex singal and scattering in multilayered media[J]. Geophysics, 1982, 47(2): 203-221.

[285] Morlet J, Aerns G, Fourgeau E, et al. Wave propagation and sampling theory-part Ⅱ: Complex singal and scattering in multilayered media[J]. Geophysics, 1982, 47(2):222-236.

[286] Cooley R G, Turkey J W. An algorithm for machine computation of the complex Fourier series[J]. IEEE Transtion on Signal Processing, 1996, 44(4): 998-1001.

[287] Stockwell R G, Mansinha L, Lowe R P, et al. Localization of the complex spectrum: the S transform[J]. IEEE Transactions on Signal Processing, 1996, 44(4): 998-1001.

[288] 苗金丽, 何满潮, 李德建, 等. 花岗岩应变岩爆声发射特征及微观断裂机制[J]. 岩石力学与工程学报, 2009, 28(8): 1593-1603.

[289] 凌同华, 李夕兵. 多段微差爆破振动信号频带能量分布特征的小波包分析[J]. 岩石力学与工程学报, 2005, 24(7): 1117-1122.

[290] MATLAB 技术联盟, 刘冰, 郭海霞.MATLAB 神经网络超级学习手册[M].北京: 人民邮电出版社, 2014.

[291] Rumelhart D E. Mcclelland J L. Parallel Distributed Processing: Explorations in The Microstructure of Cognition[M]. Cambridge: MIT Press, 1986.

[292] 王雪青, 喻刚, 孟海涛. 基于 GA 改进 BP 神经网络的建设工程投标报价研究[J]. 土木工程学报, 2007, 40(7): 93-98.

[293] 丰土根, 刘汉龙, 高玉峰, 等. 遗传算法在边坡抗震稳定性分析中的应用[J]. 岩土力学, 2002,23(1): 63-66.

[294] 戚德虎, 康继昌. BP 神经网络的设计[J]. 计算机工程与设计, 1998, 19(2): 48-50.

[295] Shearer P M. Introduction to Seismology[M]. Cambridge: Cambridge University Press, 2009.

[296] Aki, Keiiti. Scaling law of seismic spectrum[J]. Journal of Geophysical Research, 1967, 72(4): 1217-1231.

[297] Gibowicz S J, Kijko A. An Introduction to Mine Seismology[M]. New York: Academic Press, 1994.

[298] Gutenberg B, Richter C F. Frequency of earthquakes in California[J]. Bulletin of the Seismological Society of America, 1944, 34(4): 185-188.

[299] Hanks T C, Kanamori H. A moment magnitude scale[J]. Journal of Geophysical Research, 1979, 84: 2348-2350.

[300] McGarr A. Seismic moments and volume changes[J]. Journal of Geophysical Research, 1976, 81(8): 1487-1494.

[301] Hasegawa H S. Lg spectra of local earthquakes recorded by the Eastern Canada Telemetered Network and spectral scaling[J]. Bulletin of the Seismological Society of America, 1983, 73(4): 1041-1061.

[302] Brummer R K, Rorke A J. Case studies of large rockbursts in South African gold mines[A]//Proceedings of Rockbursts and Seismicity in Mines. Minneapolis[C], 2005: 511-517.

[303] Talebi S, Mottahed P, Pritchard C J. Monitoring seismicity in some mining camps of Ontario and Quebec[A]//Proceedings of Rockbursts and Seismicity in Mines, Balkema, Rotterdam[C], 1997: 117-120.

[304] Simser B P, Falmagne V, Gaudreau D, et al. Seismic response to mining at the Brunswick mine[A]//Canadian Institute of Mining and Metallurgy Annual General Meeting, Montreal[C], 2003, 12.

[305] Kaiser P K, McCreath D R, Tannant D D. Canadian rockburst support handbook[J]. Geomechanics Research Centre, Laurentian University, Sudbury, 1996, 314.

[306] Gibowicz S J. Seismic moment and seismic energy of mining tremors in the Lubin copper basin in Poland[J]. Acta Geophysica Polonica, 1986, 33(3): 243-257.

[307] Snoke J A, Linde A T, Sacks I S. Apparent stress: an estimate of the stress drop[J]. Bulletin of the Seismological Society of America, 1983, 73(2): 339-348.

[308] Kanamori H, Anderson D L. Theoretical basis of some empirical relations in seismology[J]. Bulletin of the Seismological Society of America, 1975, 65(5): 1073-1095.

[309] Madariaga R. Implications of stress-drop models of earthquakes for the inversion of stress drop from seismic observations[J]. Pure and Applied Geophysics, 1977, 115(1-2): 301-316.

[310] Spottiswoode S M, McGarr A. Source parameters of tremors in a deep-level gold mine[J]. Bulletin of the Seismological Society of America, 1975, 65(1): 93-112.

[311] McGarr A, Spottiswoode S M, Gay N C. Relationship of mine tremors to induced stresses and to rock properties in the focal region[J]. Bulletin of the Seismological Society of America, 1975, 65(4): 981-993.

[312] 钟羽云, 张帆, 张震峰, 等. 应用强震应力降和视应力进行震后趋势快速判定的可能性[J]. 防灾减灾工程学报, 2004, 24(1): 8-14.

[313] McGarr A. Analysis of peak ground motion in terms of a model of inhomogeneous faulting[J]. Journal of Geophysical Research: Solid Earth, 1981, 86(B5): 3901-3912.

[314] Hanks T C, McGuire R K. The character of high-frequency strong ground motion[J]. Bulletin of the Seismological Society of America, 1981, 71(6): 2071-2095.

[315] Wyss M, Brune J N. Seismic moment, stress, and source dimensions for earthquakes in the California-Nevada region[J]. Journal of Geophysical Research, 1968, 73(14): 4681-4694.

[316] 陈学忠, 王小平, 王林瑛, 等. 地震视应力用于震后趋势快速判定的可能性[J]. 国际地震动态, 2003, 7: 1-4.

[317] Aki, Keiiti. Seismic displacements near a fault[J]. Journal of Geophysical Research, 1968, 73(16): 5359-5376.

[318] 戴峰, 李彪, 徐奴文, 等. 白鹤滩水电站地下厂房开挖过程微震特征分析[J]. 岩石力学与工程学报, 2016, 35(04): 692-703.

[319] 李昂, 戴峰, 徐奴文, 等. 乌东德水电站右岸地下厂房开挖围岩破坏模式及形成机制研究[J]. 岩石力学与工程学报, 2017, 36(4): 781-793.

[320] Boatwright J, Fletcher J B. The partition of radiated energy between P and S waves[J]. Bulletin of the Seismological Society of America, 1984, 74(2): 361-376.

[321] Wesseloo J. Evaluation of the spatial variation of b-value[J]. Journal of the Southern African Institute of Mining and Metallurgy, 2014, 114(10): 823-828.

[322] Legge N B, Spottiswoode S M. Fracturing and microseismicity ahead of a deep gold mine stope in the pre-remnant and remnant stages of mining[C]//6th ISRM Congress, Montreal, Canada, 1987: 2071-1078.

[323] 魏进兵, 邓建辉, 王俤凯, 等. 锦屏一级水电站地下厂房围岩变形与破坏特征分析[J]. 岩石力学与工程学报, 2010, 29(6): 1198-1205.

[324] 程丽娟, 李仲奎, 郭凯. 锦屏一级水电站地下厂房洞室群围岩时效变形研究[J]. 岩石力学与工程学报, 2011, 30(S1): 3081-3088.

[325] 张斌. 二滩地下厂房系统围岩稳定性分析[J]. 水电站设计, 1998, 14(3): 72-76.

[326] 程志华. 二滩水电站地下厂房的监测及反馈分析[J]. 四川水力发电, 1998, 17(4): 6-9.

[327] 蔡德文. 二滩地下厂房围岩的变形特征[J]. 水电站设计, 2000, 16(4): 54-61.

[328] Martin C D, Chandler N A. The progressive fracture of Lac du Bonnet granite[A]//International Journal of Rock Mechanics and Mining Sciences & Geomechanics Abstracts. Pergamon[C], 1994, 31(6): 643-659.

[329] Hoek E, Martin C D. Fracture initiation and propagation in intact rock–a review[J]. Journal of Rock Mechanics and Geotechnical Engineering, 2014, 6(4): 287-300.

[330] Lu C P, Liu G J, Liu Y, et al. Microseismic multi-parameter characteristics of rockburst hazard induced by hard roof fall and high stress concentration[J]. International Journal of Rock Mechanics and Mining Sciences, 2015, 76: 18-32.

[331] Liu J P, Feng X T, Li Y H, et al. Studies on temporal and spatial variation of microseismic activities in a deep metal mine[J]. International Journal of Rock Mechanics and Mining Sciences, 2013, 60: 171-179.

[332] Wang C L. Identification of early-warning key point for rockmass instability using acoustic emission/microseismic activity monitoring[J]. International Journal of Rock Mechanics and Mining Sciences, 2014, 71: 171-175.

[333] Van-aswegen G, Butler A. Applications of quantitative seismology in SA gold mines[A]// Young R P. Proceedings of Third International Symposium on Rockburst and Seismicity in Mines[C]. Rotterdam: A. A. Balkema, 1993: 261-266.

[334] Funk C, Van-aswegan G, Brown B. Visualisation of seismicity[A]//Proceedings of the 4th International Symposium on Rockbursts and Seismicity in Mines[C]. Rotterdam: AA Balkema. 1997: 81-87.

[335] He M C, Miao J L, Feng J L. Rock burst process of limestone and its acoustic emission characteristics under true-triaxial unloading conditions[J]. International Journal of Rock Mechanics and Mining Sciences, 2010, 47(2): 286-298.

[336] De Santis A, Cianchini G, Favali P, et al. The Gutenberg–Richter law and entropy of earthquakes: two case studies in Central Italy[J]. Bulletin of the Seismological Society of America, 2011, 101(3): 1386-1395.

[337] Zhang P H, Yang T H, Yu Q L, et al. Microseismicity induced by fault activation during the fracture process of a crown pillar[J]. Rock Mechanics and Rock Engineering, 2015, 48(4): 1673-1682.

[338] 谢和平, 高峰. 岩石类材料损伤演化的分形特征[J]. 岩石力学与工程学报, 1991, 10(01): 74-074.

[339] Botsis J, Kunin E. On self-similarity of crack layer[J]. International Journal of Fracture, 1987, 35(3): R51-R56.

[340] Nolen-Hoeksema R C, Gordon R B. Optical detection of crack patterns in the opening-mode fracture of marble[A]//International Journal of Rock Mechanics and Mining Sciences & Geomechanics Abstracts[C]. Pergamon, 1987, 24(2): 135-144.

[341] 许江, 李贺, 鲜学福, 等. 对单轴应力状态下砂岩微观断裂发展全过程的实验研究[J]. 力学与实践, 1986, 8(4): 24-28.

[342] 谢和平, Pariseau W G. 岩爆的分形特征和机理[J]. 岩石力学与工程学报, 1993, 12(1): 28-37.

[343] Lei X, Satoh T. Indicators of critical point behavior prior to rock failure inferred from pre-failure damage[J]. Tectonophysics, 2007, 431(1): 97-111.

[344] 李元辉, 刘建坡, 赵兴东, 等. 岩石破裂过程中的声发射 b 值及分形特征研究[J]. 岩土力学, 2009, 30(9): 2559-2563.

[345] 尹贤刚, 李庶林, 唐海燕. 岩石破坏声发射强度分形特征研究[J]. 岩石力学与工程学报, 2005, 24(19): 3512-3516.

[346] Xie H P, Liu J F, Ju Y, et al. Fractal property of spatial distribution of acoustic emissions during the failure process of bedded rock salt[J]. International Journal of Rock Mechanics and Mining Sciences, 2011, 48(8): 1344-1351.

[347] 尹贤刚. 大尺度下微震与金属矿岩体破坏的相关机理研究[D]. 成都: 四川大学, 2012.

[348] Maxwell S C, Young R P, Read R S. A micro-velocity tool to assess the excavation damaged zone[J]. International Journal of Rock Mechanics and Mining Sciences, 1998, 35(2): 235-247.

[349] Li S J, Yu H, Liu Y X, et al. Results from in-situ monitoring of displacement, bolt load, and disturbed zone of a powerhouse cavern during excavation process[J]. International Journal of Rock Mechanics and Mining Sciences, 2008, 45(8): 1519-1525.

[350] 江权, 樊义林, 冯夏庭, 等. 高应力下硬岩卸荷破裂: 白鹤滩水电站地下厂房玄武岩开裂观测实例分析[J]. 岩石力学与工程学报, 2017, 36(5): 1076-1087.

[351] 刘宁, 张春生, 褚卫江. 深埋隧洞开挖损伤区的检测及特征分析[J]. 岩土力学, 2011, 32(S2): 526-538.

[352] 朱泽奇, 盛谦, 张勇慧, 等. 大岗山水电站地下厂房洞室群围岩开挖损伤区研究[J]. 岩石力学与工程学报, 2013, 32(4): 734-739.

[353] Yazdani M, Sharifzadeh M, Kamrani K, et al. Displacement-based numerical back analysis for estimation of rock mass parameters in Siah Bisheh powerhouse cavern using continuum and discontinuum approach[J]. Tunnelling and Underground Space Technology, 2012, 28: 41-48.

[354] Feng X T, Katsuyama K, Wang Y J, et al. A new direction: intelligent rock mechanics and rock engineering[J]. International Journal of Rock Mechanics and Mining Sciences, 1997, 34(1): 135-141.

[355] 冯夏庭, 江权, 苏国韶. 高应力下硬岩地下工程的稳定性智能分析与动态优化[J]. 岩石力学与工程学报, 2008, 27(7): 1341-1352.

[356] 冯夏庭, 江权, 向天兵, 等. 大型洞室群智能动态设计方法及其实践[J]. 岩石力学与工程学报, 2011, 30(3): 433-448.

[357] 董志宏, 丁秀丽, 卢波, 等. 大型地下洞室考虑开挖卸荷效应的位移反分析[J]. 岩土力学, 2008, 29(6): 1562-1568.

[358] 张明, 卢裕杰, 毕忠伟, 等. 利用神经网络的反馈分析方法及其在地下厂房中的应用[J]. 岩石力学与工程学报, 2010, 29(11): 2211-2220.

[359] Budiansky B, O' connell R J. Elastic moduli of a cracked solid[J]. International Journal of Solids and Structures, 1976, 12(2): 81-97.

[360] Hoenig A. Elastic moduli of a non-randomly cracked body[J]. International Journal of Solids and Structures, 1979, 15(2): 137-154.

[361] Hashin Z. The differential scheme and its application to cracked materials[J]. Journal of the Mechanics and Physics of Solids, 1988, 36(6): 719-734.

[362] Horii H, Nemat-Nasser S. Overall moduli of solids with microcracks: load-induced anisotropy[J]. Journal of the Mechanics and Physics of Solids, 1983, 31(2): 155-171.

[363] Cai M, Horii H. A constitutive model of highly jointed rock masses[J]. Mechanics of Materials, 1992, 13(3): 217-246.

[364] Kanaun S K. The poisson set of cracks in an elastic continuous medium[J]. Journal of Applied Mathematics and Mechanics, 1980, 44(6): 808-815.